致

永固 与 学华

C R

CRITICISMS AND

RESPONSES

DISCUSSIONS
ON
CONTEMPORARY
CHINESE
ARCHITECTURE

评论与被评论：关于中国当代建筑的讨论

青锋 著

中国建筑工业出版社

　　这本书中收录了我近年来在建筑评论领域所做的一些工作。核心内容是对一些具体的当代中国建筑或者是建筑师总体实践的评论，此外还有一些与建筑评论的方法，以及与历史理论相互结合有关的论述。书中最特别的部分是邀请了部分评论文章所涉及的建筑师针对文章或者评论这一活动作出回应。他们极具价值的反馈以短文的形式出现在论及他们的评论文章之后。

　　采用这种编排模式与我们对评论的理解有关。不同于传统学科体系中的系统性论述，评论所具备的诠释性特征使得它处于一种介乎研究与个人观点阐发之间的模糊地带，因此在正统学科体系中往往处于边缘地带。相比于连篇累牍的整体论述，评论的话题性与个人化特征让它更像是一种对话而非论文书写。我们邀请建筑师给予回应，恰恰是想要强化这种对话的特性。建筑师的作品被评论，同时他们也对评论文章作出评论；评论者在文章中评论实践，而文章本身也成为被评论的对象。在这种方式下，评论者与建筑师都处于评论与被评论的状态之中，这也是本书命名的来源。

　　将建筑论述变换为更为平等的对话，这或许是评论对于整个知识体系可能具有的结构性贡献。这并非创新，而是回归，回归到那个乐于以对话的方式来讨论最为复杂问题的传统中。虽然这已经不再是知识生产最主流的模式，但不应被忘记，我们许多最为鲜活和最为经典的文化遗产就产生于这一传统之中，比如柏拉图与孔丘所留下的对话录。

或许对话最富有吸引力的特征在于，它是无法由一个人完成的。而一旦有了他者，也就有了差异，有了挑战，以及应对。因此，一个真正的对话与说教的不同之处在于它应该是没有终结的，在对话者的交换与对撞之中，一个话题可以不断转化、扩展、延伸，甚至触及尚未设想的领域。这也正是先哲们往往用日常对话的形式来记载思索成果的缘由。

在建筑的评论与被评论当中，这种对话的差异性也同样存在。从建筑师们的回应中可以看到，评论与现实，与建筑师原本的意图之间固然有契合的地方，也同时存在很多不一致或者是分歧。但这种不同才是最有趣的。单纯的复述毫无意义，挖掘更多的内涵，铺陈不同的路径是评论者的权利，同时也是义务。无论是建筑师还是评论者，都有可能在对话的差异中分辨自己的立场，观察自己的局限，强化自己的辩护，也可能超越自己的框定。这一过程所能带来的各种可能性，是评论最大的价值所在。

在本书的编排过程中，我们在某种程度上"强迫"建筑师们用文字的方式来作出回应，这其中也蕴含着一部分私心：这些回应的文字可以成为新的素材，与他们的后续作品一道展现新的讨论领域。就像对话一样，这本书也不存在一个常规的终结，关于中国当代建筑的讨论，可以在这种评论与被评论的交错中不断延续下去。

青锋

2016年1月31日

于海淀西王庄

致
谢

有赖于很多人与相关团体的协助，本书才得以面世。尤其需要感谢为本书供稿的建筑师：黄文菁、陈屹峰、柳亦春、董功、李兴刚、张利，他们不仅提供了杰出的作品，还在繁忙的工作中抽出时间为本书撰稿，从而使得评论与被评论的对话得以成立。也要感谢其他评论所涉及的建筑师，他们的工作是所有这一切的起点。《世界建筑》、《建筑师》、《时代建筑》、《建筑学报》等杂志同意我将之前在这些刊物上发表的文章结集出版，给予本书极大的支持。中国建筑工业出版社以及何楠、易娜两位编辑为本书的出版提供了最强有力的保障和协助，她们一流水准的专业素养与热情专注令人钦佩不已。

本人所就职的清华大学建筑学院为本书的出版提供了学术与经济上的大力帮助，而学院长久以来对教师研究与实践鼓励和支持则是积淀在这些文字背后最深厚的基础。本书出版适逢清华大学建筑学院建院70周年之际，仅以此书作为一份微薄的礼物来转达对母校的祝贺。

目录

巴别塔

"大学的立足点与市场没有关系……这个职业属于市场，而建筑属于大学……职业当然会不断变化，但建筑不会变。"[1]我常常引用路易斯·康的这些话来为自己辩护，为何一个没有多少建成作品，主要关注历史与理论的教师仍然能够在大学教授建筑设计。原因在于大学所教授的不是随势而动的市场经验，而是关于建筑的不变的"本质"，只有理解了"本质"才能做出真正出色的建筑，并且能够坚定而从容地应对市场的挑战。当然，这一推论的前提是要承认，这种"本质"是存在的，而且能够通过大学的研究与教育去探讨、去传授。对于路易斯·康来说，这是毋庸置疑的。尽管人们常常提及"秩序"、"光与静谧"等康为人熟知的词汇，但在这位古典主义者的建筑思想中，"本质"（nature）才是最具决定性的，由此才有康与砖、与秩序、与豪猪等等的对话。他认为一切存在的"本质"可以从任何事物中得到揭示，因此他无须引用任何哲学家的理论，仅仅通过设想的对话就可以让"本质"呈现出来。

按照康的逻辑，大学所教授的应当是关于建筑的"哲学真理"（philosophical truth）[2]，这或许是大学——研究所有知识的机构——与专门化的职业技能学校之间最根本的区别。是否认同这种区别将会对教师，对建筑学院，乃至于整个大学体系的教育倾向产生决定性的影响，它已经不能被"理论结合实践"的模棱两可所掩盖，任何一个教育者都不得不进行抉择。显而易见，本文的所有讨论及其根据都是建立在认同这种区别的基础之上。虽然我们并不完全接受康过于强烈的古典浪漫主义立场，但是建筑可以，也需要更深层次"哲学真理"的探讨这一观点是我们所认同的。

不难想象，这种观点很容易被指责为"精英主义"或者是象牙塔中的自我陶醉。对于前者，另一位学院建筑师阿尔瓦罗·西扎回应道："那些最投入的人，

〈图1〉

在与世隔绝的条件下，早晚会被指责为精英主义——这个概念的含义并不总是很清楚，而且常常被用来使无知变得可以被接受。"[3]而对于后者，如果将象牙塔换作巴别塔（the Bable Tower）的话就可以欣然接受。巴别塔直达天界的企图正象征着大学学者们试图抵达"最终真理"的梦想，而这一未完成的工程也正对应着我们必须承认的现实，那就是"最终真理"可能无法企及。巴别塔建造者们的"自我陶醉"并非盲目的逃避，而是仍然对这个梦想抱有热忱。因此，即使面临重重阻碍，即使难以预见成功的曙光，即使需要一代代不断传承（如同中世纪大教堂的建造一般），巴别塔还是要继续建造（图1）。

评论的普遍性

以上的讨论看似与本文讨论的主题"建筑评论的工具与方法"无关，但实际上它解释了一种特定评论策略的立论基础。这里不妨称之为"学院式评论"，其主要特征自然是对"哲学真理"的特殊诉求。"学院式评论"的概念之所以需要特别提及，是因为"学院"与"评论"两个概念之间的联系比表面看起来要深远很多。可以说，从一开始，人们对"哲学真理"的探索就是建立在"评论"这一有力的工具之上的。

在西方学术传统的起源之一，亚里士多德的论述中，评论就是展开分析最常见的起点。在阐述自己的观点之前，亚里士多德往往要列举其他人就这一问题的看法，并且加以分析评论，指出其优点与不足，使之成为辩护自己观点的证据。例如在《物理学》（*Physics*）一篇中他就评论了巴门尼德（Parmenides）、麦里梭（Melissus）、安提丰（Antiphon）、吕哥弗隆（Lycophron）、恩培多克勒（Empedocles）、阿那克萨哥拉（Anaxagoras）等人关于事物本源的观点，进而才展开自己立场的论述。通过综述评论，不同的学术观点能够进行比较，学术讨论能够不断延续，形成承前启后的学术传统，推动学术共同体的形成。时至今日，综述评论已经成为学术研究的通行规范，甚至沉淀在每一篇研究生论文的文献综述当中。

而在建筑领域，评论的作用则远远超越了论文撰写这一狭窄的领域。在这一学科的三大核心领域：历史、理论、设计当中，评论的作用都无法替代。而且，无一例外地，这三个领域中的评论都属于"学院式评论"的范畴，也就意味着除了建筑物之外，还需要对理论、对思想进行深度发掘，直至我们的能力所能抵达的最底层。比如，在历史研究与教学当中，评论和解释伟大建筑作品的价值与内涵，其重要性并不亚于对史实的表述，否则我们甚至无法论证为何这些建筑被选入历史叙述而不是其他。而像密斯·凡·德·罗这样沉默而深邃的建筑师，更是需要仔细、深入的评论分析才能在"通过践行律法而获得自由"这样的言辞中找到其建筑思想的中枢[4]。而在当代理论教学中，面对彼得·艾森曼这样认为"概念"（conceptual reality）比现实建造（built model）更为重要的建筑师[5]，仅仅展现其形式操作的策略显然是不够的，我们必须对他艰涩而强硬的理论论述展开分析评论，才能评价其立论的合法性，衡量其观点与实践的价值。这些历史与理论评述最终也将融入设计教学中。尤其是那些渴望研习某些建筑师、某种建筑现象的同学，教师负有责任去展现这些范例的价值所在，这同样依赖于结合理论文本的剖析，比如结合"发现陌生的神奇，以及显而易见的事物的独特性"这样的话语来解释阿尔瓦罗·西扎建筑作品的独特品质（图2）[6]。相比于亚里士多德先评论再论述的方式，建筑学教育中的评论更接近于苏格拉底式的对话，在对各种观点不断地追问与评述中拓展认知的边界，评论本身成为最为重要的操作工具之一。

虚无

巴别塔未能建成是因为建造者们之间沟通的障碍，这似乎并非什么无法逾越的难题。但如果整个建筑的根基出现问题，那将是致命的。我们甚至无法开始建造，或者始终生活在工程随时会崩塌的焦虑（Angst）中。如前文所说，我们将大学中对"哲学真理"的探寻比作巴别塔的建造，那么这一梦想也面对着基础性的威胁，那就是被尼采称作门外"最为诡异的客人"（uncanniest of all guests）的——虚无主义（nihilism）。

〈图2〉

　　尽管其历史至少能够被追溯到古希腊的智者与怀疑主义者，但虚无主义在现代最重要的论述者仍然是尼采。谈及自己与时代的关系时，尼采说过："明日之后将为我而来。有的人在去世之后才出生。"[7]他对虚无主义的讨论显然印证了这句话，在他去世多年之后，这一讨论仍然是我们关切的核心，尼采的影响也伴随着后现代主义的兴起而在"明日之后"才得到更深入的理解。

　　"虚无主义意味着什么？"尼采自问，并且回答道："最高的价值都摧毁了自己的价值。没有目标；'为什么？'找不到答案。"[8]而法国哲学家雅斯培（Carl Jasper）给予了更为生动的描述："我们相信的所有东西都变得空洞；所有东西都是有条件和相对的；没有地基，没有绝对，没有存在自身。所有东西都是有问题的，没有什么是真的，任何东西都能够被允许。"[9]简单说来，虚无主义认为我们通常所认同的知识、信仰、价值都缺乏绝对稳固的基础，因此并不存在我们可以信赖的根本性出发点。在19世纪早期，虚无主义主要针对的是认同客观世界独立于意识存在的观点。而在此之后，虚无主义所关注的更多是道德与价值的虚无，如果所有的信仰与价值都受到了动摇，那么生命本身也就变成了"毫无意义的噩梦"。正是在这一伦理意义之上，涉及人们如何生存的问题上，尼采称虚无主义是"最严重的危机之一，是人性最深刻反思的时刻"[10]。

　　之所以虚无主义的危机最为严重，是因为它并非一种单纯的个人意见，而是得到了强有力的哲学传统的支持。这其中最著名的当属尼采所论述的"透视主义"（perspectivism）。就像阿尔弗雷德·丢勒（Albrecht Dürer）的画中所描绘的（图3），要得到一个准确的透视图，艺术家必须通过一个固定的视点去观察事物，所得到的景象与场景都以该视点为基础，如果出现视点的变化，整个图像也将发生变化。虽然人们不再使用这种器具作画，但透视法背后所隐含的确定视点却是不容否认的。"透视主义"将视点与图像的关系扩展到认知与价值领域，认

〈图 3〉

为我们所建立的知识与价值体系也都基于某种特定的视点、立场或假设。但如果这些视点、立场或假设本身却缺乏确凿的基础，那么"透视主义"就会放大成为虚无主义的有效工具，对我们所认同过的各种真理与价值展开攻击。从尼古拉斯（Nicholas Cusa）的"洞察的无知"（Learned ignorance）到叔本华（Arthur Schopenhauer）的"生存意识"，再到米歇尔·福柯（Michel Foucault）的知识与权力的分析，无一不是从透视主义的前提出发，对既有的思想体系形成无法忽视的冲击。在当代，通过理查德·罗蒂（Richard Rorty）与雅克·德里达（Jacques Derrida）等思想家的进一步推动，虚无主义已经不再被视为什么新鲜的事情，而是在很大程度上被接受为一种常识。也就是在这样的时代，尼采的预言才被广泛地认同。虚无主义是如此的普遍与重要，我们甚至可以用"后尼采时代"来取代"后现代"等稍纵即逝的概念。

在建筑界，透过与"解构"（deconstruction）理念的联姻，虚无主义在20世纪末期曾经对全球建筑理论的图景形成巨大的冲击。但实际上，虚无主义的渗透早在解构主义潮流之前就已发生，最为典型的是彼得·艾森曼（Peter Eisenman）在1970、1980年代的一系列论述与设计实验。在他著名的"后功能主义"（Post-functionalism）、"古典的终结、起始的终结、终结的终结"（the End of the Classical, the End of the Beginning, the End of the End）等文章中[11]，艾森曼对以往建筑理论的各种基础信念加以批判，指出它们不过是一种基于某种视点的"透视"效果，而这些视点则并无绝对正当性。因此，以往从外部基础论证建筑的尝试都只能失败，建筑在虚无的漂浮之中只能满足于独立自主（Autonomous）的形式操作。由此可见，并非艾森曼在德里达的"解构"思想中找到了源泉，而是艾森曼本已抱有的虚无主义立场在"解构"理念上找到了新的支持。

然而，即使是像艾森曼这样无畏的探索者，这样勇于拥抱虚无主义的理论家，也难以摆脱尼采所预言的"严重的危机"。艾森曼坦承，在完成了住宅十（House X）之后，他陷入了抑郁之中，经过心理治疗他发现自己与"土壤和大地（ground）的现实脱离了接触"。从1978年的威尼斯卡拉雷吉奥（Cannaregio）项目开始，艾森曼的作品与大地产生了极为密切的联系，在近期的圣地亚哥德孔波斯特拉文化城（City of Culture outside Santiago de Compostela）项目中更是体现得淋漓尽致。在这里，大地一方面是指字面意义的场地，另一方面也是指一种基础性的意义。在卡板住宅后，具有强烈意义象征的元素开始越来越频繁地出现在艾森曼的作品与试验中。这或许可以被视为在虚无主义的危机之后，艾森曼回归到某种局部范围意义的传达，而非像之前一样拒绝任何这种约束与意义认同的绝对虚无立场。

艾森曼的例子说明，以虚无主义的立场出发，对既存的一切攻击批判、挥斥方遒固然是畅快淋漓的，但真正困难的却不是攻击，而是能否承受攻击成功的后果，也就是说接受虚无主义的后果。如同艾森曼这样强大的斗士都不免有难以承受之惑，其他人自然也无法逃脱这一拷问。如果不能驳倒虚无主义，那么如何能在这个虚无时代继续实践与生活？

目的论

如尼采所说，在虚无主义的条件下，由于缺乏可以信赖的基础，我们无法对"为什么"做出回答。因此要应对虚无主义的威胁，为自己的生活与行为找到某种根据，我们必须在某种程度上回答"为什么"这一问题，而这是否可能？

在这里，必须承认，本文依赖于一个较为粗略，也未能得到充分论证的假设，那就是对所有"为什么"的回答模式可以归结为两类。一种是必然性的，一种是目的性的。

所谓必然性的解释，是指存在某种确定的规律和原则，决定了两件事物之间的必然联系，那么就可以借用这种必然性的规律来解答"为什么"。物理、数学等自然科学体系很大程度上就建立在这种必然性的规则体系之上，而这些领域的解答也只有求诸这一规则体系才会被视为合理的，比如欧几里得的公理体系就是绝佳的范例。

而目的性的解释，是指用目的关系来作为解答，通过提示被提问事物所服务的目的来解答其存在的理由。这种解答的合理性主要不依赖于既定的原则与规律，而是目的自身的合理性。回答是否能被接受也取决于人们对目的本身，对目的与手段之间的关系是否认同。

必须注意的是，之所以将所有的"为什么"归为这两类，是因为这两类解释是无法互换的。比如对宇宙的整体存在的问题，物理学家们自然倾向于必然性的解释，使用各种理论工具将这一解释的广度与深度不断拓展。然而，无论抵达什么样的程度，也仍然有人会继续追问"为什么"。这是因为他们想要的实际上不是物理解答，而是一种目的性解释，他们想要知道这个宇宙是因为什么目的、什么意义而存在的，这显然是无法通过相对论、量子力学或者是任何数学公式来获得的。能够满足他们的是宗教提供的解答，比如基督教的某种解答之一，世界上所有的为什么都可以被一个简单而完美的回答所降伏：因为主想要这样（*Quia voluit*，拉丁文，英文翻译为because God willed it）[12]。一切都被归因于主的意愿与目的，但是由于主远远超越了人的认知能力，所以我们并不知道这个意愿是什么，或者它背后是否还有其他更深层次的意愿在起支配作用。我们只能满足于接受这个有限度的终极解释。毫无疑问，对于某些虔诚的宗教信徒，这种目的性解释是完全足够的，而对于那些想要必然性解释的人来说，这种回答则是空洞无物的。

有趣的是，艾森曼巧妙地利用了这两种解释的差异来完成攻击以往建筑理论基础性解释的任务。对那些强调理性基础的建筑理论，艾森曼指出，那些所谓必然的理性解释其背后都蕴含着目的与利益，因此实际上还是一种目的性解释，也就不具备原来所声称的必然性权威了。而反过来，对那些以目的为基础的建筑理论，艾森曼反其道而行之，指出某些学科的研究告诉我们一些事物的发展与规律是必然的，比如语言，与人的目的无关，因此目的性解释，以人为中心的目的性解释也应该被抛弃。简单地说，艾森曼是利用两种解释的不相容来逐一击破，攻击A的时候使用B，攻击B的时候使用A，这种摇摆不定也恰恰是他理论体系中最薄弱的环节[13]。

回到之前的讨论。如果上面的两种分类可以被接受的话，那么应对虚无主义就可以从两条路径探寻"为什么"的可能解答。在建筑领域中，必然性解释显然会遇到更大的困难。在现代主义阶段，人们曾经认为功能、结构或者材料能够为建筑提供必然的基础，就像洛基耶神父（Marc-Antoine Laugier）所憧憬的那样。伴随着正统现代主义的衰落，这种信念已经很少再找到支持者。而在更大的哲学范畴，自休谟（David Hume）对因果关系展开质疑以来，人们就无法再去设想一个简单而必然的世界结构，而康德（Immanuel Kant）对休谟的应对也不是在物质世界中重新找到因果关系的基础，而是将这种必然性联系归因于人的认知结构。这实际上进一步削弱了必然性解释的基础，因为人成为这一切的起点。

　　另一条目的性的道路似乎要容易一些，因为它没有那么强硬的必然性要求，而且目的本身可以有更多的灵活性。在历史上，这种目的性解释获得了一个专用名称：目的论（teleology），其辞源来自于希腊语*telos*，意为目的、用途。主要通过亚里士多德的理论，目的论成为西方思想中极为重要的流派，时至今日仍然在功利主义、新亚里士多德主义，美德伦理学等理论体系中扮演重要角色。相比于必然性解释，目的性解释给我们提供了更大的空间来应对虚无主义的攻击。

　　对于目的性解释，或者说是目的论，虚无主义的攻击性力量来自于"上帝死了"这样的论断。如果*Quia voluit*不再被接受，也不再有任何绝对的目的与意图受到认同，那么不管什么样的目的论也都缺乏绝对稳固的基础。但是，应该注意到，相比于必然性解释，目的论其实对绝对性、唯一性、必然性的要求要弱得多，它所需要的是一个终极目的以及其他次要目的与终极目的的关联性，而对于这个终极目的是否是唯一的、绝对正确的，目的论并无特殊的限定。所以，一旦我们放弃对*Quia voluit*这种唯一、绝对终极目的的诉求，那么也就可以避开虚无主义的锋芒。而这恰恰是尼采个人所采纳的，应对虚无主义的策略，如朱利安·杨（Julian Young）所说，虽然"缺乏宏大叙事（grand narrative），却没有什么理由阻止人们建构一个个人叙事（personal narrative）……在我们的后'上帝死了'的时代，这取决于个人去建构我们自己的'英雄'自我"[14]。这里的宏大叙事指的是建立在绝对目的基础上的对所有事物的解释，而个人叙事则是建立在个人所认同的目的基础之上的，致力于给予自己的生活以意义的目的论体系。如果我们对自己的一生所追求的目的有清晰的认同，那么生活中的方方面面也就可以循着这一目的获得价值。如果接受这种论断，那么虚无主义反而成为一个有价值的试金石。它摧毁了人们对终结解释的信赖，迫使人们去主动建构个人叙事，进而不可避免地做出抉择，哪些价值才是真正值得去获取的。"我们必须体验虚无主义才能发现这些'价值'到底有什么样的真实价值，"尼采如此写道[15]。

　　这么看来，在必然性解释与目的性解释这两条道路中，后者更有利于应对虚无主义的冲击。我们要做的是放弃对绝对解释与绝对目的的声张，但是认同个人目的与个人解释的合法性。或许我们不能用所有人都统一的语言建造唯一的巴别塔，但并不妨碍我们以不同的、更加个性化的语言建造无数个不同的巴别塔。

　　以这样的理解为基础，我们也就获得了在虚无时代可以采纳的一种评论策略：1. 接受虚无主义的正当性；2. 放弃将必然性解释以及绝对目的作为解释建筑现象的可靠基础；3. 挖掘建筑背后所隐藏的建筑师的个人叙事，也就是个体化的目的论，以此作为评论分析的基础与核心关注。

建筑师

　　对于这种评论策略，路易斯·康提供了最好的注解。在谈论建筑的理解时，他提出了三个层次，分别是：

　　"通过本质——为什么

　　通过秩序——什么

　　通过设计——如何做"

　　"Thru the nature – why

　　Thru the order – what

　　Thru design – how" [16]

　　从他的其他大量文字中不难看出，即使人们都在谈论康的秩序，这三条中最重要还是本质（nature），它为"为什么"提供了答案。而"本质"是什么？康有时会用"存在意志"（existence will）来指代，所谓意志就包含一种意愿、一种目的和一种选择的能力，由此我们才能理解康这样的话语："建筑师应该在事物的本质中——通过他的领悟——发现一个事物想要成为怎样。"[17]在康的理论中，只有领悟到这种"存在意志"才能建立建筑的根基，而秩序与设计则会在根基之上自然浮现出来。

康的三个层次是理解建筑的三个层次，也自然是评论的三个层次。一个"学院式评论"应该在三个层次上对建筑展开分析，而最重要的还是对根本性的"本质"的讨论，这当然不能理解为某种永恒不变的性质，而是康所强调的"意志"。就像 *Quia voluit* 理念指代的是神的自由与意愿，"意志"当中所蕴含的是建筑师的目的选择。

或许我们应该感谢虚无主义，如果只有一座巴别塔，那么评论将变成乏味的重复。如果有成千上万座各式各样的巴别塔，评论也才有了可以操作的空间。即使康的三个层次看似有些模式化，但建筑师们的"意志"与选择上的巨大差异，足以弥补同一模式的单调。今天，在中国建筑界我们也可以看到这样引人入胜的丰富性。

比如刘家琨的胡慧姗纪念馆，其根本目的是对个体生命的纪念，并且借此触动人们反思日常生活的价值。在秩序的层面他选择采用双坡住宅的原型与厚重的纪念性建构，而设计手法上则包括特殊的光线控制与展陈布置（图4）。

王澍的象山校区则有完全不同的体系，建筑师试图以中国文人传统的诗意世界取代当代生活方式，这当然是他最根本性的意图。在总体性的设计策略上，建筑师选取了传统建筑原型、游历式的组织方式以及强烈的厚度性特征，并且辅以采用回收材料等具体的设计手段（图5）。

北京的OPEN建筑事务所同样有着清晰的目的诉求。但是他们并不认为需要退缩到个人生活或者是在失去的世界寻求解答，而是抱有坚定的启蒙信念，继续追索现代主义的经典价值。开放性、灵活性、效率等原则构成了他们的建筑秩序，而底

图4：刘家琨，胡慧姗纪念馆展陈
（图片来源：家琨建筑工作室提供）

〈图 4〉

〈图 5〉

层架空、开放平面、标准化等设计手段则为这一目的的实现提供着支撑（图6）。

　　这三位建筑师与事务所的差别是显而易见的，评论者的责任在于能将这种差别追索到最根本性的起源，也就是他们对本质、对意志、对目的的不同理解。按照康的观点，只有这样我们才能获得对建筑的全面理解，才能判断一个建筑的价值所在。

　　一个随之而来的问题是，如果每个建筑师都提出自己的目的论，那又依据什么共有的原则来判断哪个更为优秀呢？如果没有这个普遍性的原则，我们实际上仍然处于盲目之中，虚无主义的威胁仍然如影随形。

　　对于这个问题，首先，多样性的目的论是构建个人叙述所必需的，因为绝大多数人并不是凭空创造出一种价值追求，而是像海德格尔所说的，"选择自己的英雄"，他们在一些典型性的范例人物身上找到特定的价值体现，然后加以比较选择，并最终融合构建出自己所认同的价值体系，塑造自己的人生叙事。建筑师们通过自己的作品，所提供的也是这样的范例，以及所蕴含的价值取向。不管是对日常生活地反思、对诗意世界地怀旧还是对启蒙理想地坚持，人们需要这样的多样性来作为选择的基础。而在另一方面，这种"英雄的选择"也不是完全由一己之力凭空决定的，人们之间的共性实际上远远比我们想象的要大，这潜藏在我们所共同使用的语言当中，如维特根斯坦（Wittgenstein）所说，选择一种语言就是选择一种生活方式。共享一种语言的人们在价值选择、行为模式、理想渴望上有着强烈的关联性。他们往往面对着相似的问题，也有着相似的憧憬，这也意味着他们的选择可能是相近的。而那些最能得到认同的，将是能够对当下人们所面对的普遍问题做出最有力解答的价值模型。"没有什么犁沟比那些在当下人性的地面上所撕裂地更深。"[18]尼采的话意在说明，只有那些对当下人性的关切做出回应的人才能获得更深刻的认同。评论者应该将这些"人性的犁沟"展现出来，而人们则可以甄别出哪些更有深度，哪些最值得当下的关注。

结语

虚无主义在今天早已失去了曾有的光环，如美国学者凯伦·卡（Karen L. Carr）所指出的，"虚无主义不再是我们必须逃避的东西，它已经失去了潜在的转

〈图6〉

变或救赎的作用，而是成为一种简单的对人类状态的枯燥描述。"[19]如果说重复几句"上帝死了"已经变得毫无意义的话，在"上帝死了"之后该如何继续才是真正重要的，需要严肃对待的，却仍然还没有完美解答的问题。虽然一些学者认为我们仍然可以找到某种绝对的基础，但尼采的"个人叙述"在目前看来是更具有说服力的解答。康显然属于有绝对信仰的建筑师，他并不认为自己的建筑属于时代，或者属于个人，它们只是绝对本质的领悟与体现而已。这也让他的思想显得格外古典，甚至比在他之前的现代主义大师都离我们更为遥远。但无论怎样，他为我们提供了一个"英雄"，一个有着坚定信念与执着追求的范例，也仍然在激励着那些有着独特形而上学情怀的模仿者。而刘家琨、王澍与OPEN有着同样的坚定，很难说是信念的力量还是建筑的力量更为打动人，按照目的性的解释，这两者实际上是合为一体的。

同样，虚无时代的评论策略所侧重的不是对抗，而是帮助人们探索如何在接受虚无的前提下，去建构并不虚无的生命。评论者的任务，也不在于告诉人们应该怎样选择，那就会落入塔夫里所称的"操作性批评"（operative criticism）的陷阱，而是向人们展现"英雄"的力量，以及光环之下的阿基里斯之踵。它的最终目的，是帮助人们建造自己的通天之塔。

（原载于《世界建筑》第290期，2014年8月，在本书中有所改动）

注释

1 转引自MCCARTER. Louis I. Kahn [M]. London ; New York: Phaidon, 2005: 386.

2 KAHN and LATOUR. Louis I. Kahn: writings, lectures, interviews [M]. New York: Rizzoli International Publications, 1991: 8.

3 SIZA and ANGELILLO. Writings on architecture [M]. Milan: Skira; London: Thames & Hudson, 1997: 27.

4 NEUMEYER. The artless word: Mies van der Rohe on the building art [M]. Cambridge, Mass.; London: MIT Press, 1991: 328.

5 ANSARI. Interview: Peter eisenman [J/OL] 2013, http://www.architectural-review.com/comment-and-opinion/interview-peter-eisenman/8646893.article.

6 SIZA and ANGELILLO. Writings on architecture [M]. Milan: Skira; London: Thames & Hudson, 1997: 207.

7 NIETZSCHE. Twilight of the Idols: and The Anti-Christ [M]. Penguin, 1990: 126.

8 转引自YOUNG. The death of God and the meaning of life [M]. London: Routledge, 2003: 4.

9 转引自HARRIES. Infinity and Perspective [M]. Cambridge, Mass.; London: MIT Press, 2001: 12.

10 转引自CARR. The Banalization of Nihilism: Twentieth-Century Responses to Meaninglessness [M]. Albany: State University of New York Press, 1992: 43.

11 见HAYS. Architecture theory since 1968 [M]. Cambridge, Mass.; London: MIT, 1998.

12 BLUMENBERG. The Legitimacy of the Modern Age [M]. Cambridge, Mass London: MIT, 1983: 151.

13 尤其是在古典的终结、起始的终结、终结的终结"(The End of the Classical: The End of the Beginning, the End of the End)一文中，这种攻击策略的不相容性体现得非常明显。见HAYS. Architecture theory since 1968 [M]. Cambridge, Mass.; London: MIT, 1998: 524-538.

14 YOUNG. The death of God and the meaning of life [M]. London: Routledge, 2003: 87.

15 NIETZSCHE. The Will to Power [M]. London: Weidenfeld & Nicolson, 1968: 4.

16 KAHN and LATOUR. Louis I. Kahn: writings, lectures, interviews [M]. New York: Rizzoli International Publications, 1991: 59.

17 同上: 82.

18 BLUMENBERG. Care crosses the river [M]. Stanford, Calif.: Stanford University Press, 2010: 75.

19 CARR. The Banalization of Nihilism: Twentieth-Century Responses to Meaninglessness [M]. Albany: State University of New York Press, 1992: 7.

自哥白尼以来，人似乎走向一道斜坡，他越来越快地滑离中心，滑向什么？滑向虚无？滑向对他自身虚无的深刻感受？

——弗雷德里希·尼采

从事教育的人常常会遭遇到钱学森之问："为什么我们的学校总是培养不出杰出人才？"在建筑界，它转化为大师之问："为何我们没有世界级的大师？"在此之前，要回答这个问题异常艰难，我通常采取两种路径，一是否认当代条件下还可能出现任何世界公认的大师；二是对一些当代中国建筑师作品的价值加以肯定。没有想到这个问题会伴随着2012年普利茨克奖的公布而变得异常简单，王澍先生的获奖不仅仅是对他个人成就的肯定，对于很多关注中国建筑的人来说，这意味着一场剧烈的价值动荡，推动我们重新审视身边的建筑、身边的建筑师，发掘这些人与物的内涵。摆脱"大师之问"的负罪感，回归到"建筑之问"的本源，这也许是普利茨克奖对我们今天最重要的意义之一。在这一背景之下，本文试图从一个侧面对"建筑之问"作出某种回应，这里将讨论王澍近来作品中的一个核心要素——厚度的意义。

相似

尽管王澍坦诚自己"重建一种中国当代的本土建筑学"的期望，也并不掩饰自己所抱有的东西方哲学状态差异的观点，并且专注于中国传统中"充满自然山水诗意的生活世界的重建"[1]，但这并不意味着他的实践是与其他文化传统，尤其是西方的建筑发展相隔绝，或者说是对立的。在一个更广阔的视角下观察，或许能够揭示王澍的中国实践与整体性全球发展之间的平行联系，进而消减将他的作品进行过度的地区化诠释所带来的危险。他们之间的联系，所体现的并不是简单的谁影响了谁，谁学习了谁，而是一个共同的问题在不同的文化背景中获得了相似的解答，在这里重要的不是答案的借鉴，而是问题的普遍认同[2]。很显然，对于王澍以及他的同行者来说，这个共同问题是当代建筑的本质问题，普利茨克奖对王澍的认同也并不仅仅是对他中国特色的肯定，也同样在于他以自己的方式对这一普遍性的本质问题的解答做出了贡献。本文试图论证，这一普遍的问题就是王澍所说的"生活世界的重建"，由此产生的相近解答是"厚度"这一元素的重现。

首先，王澍与其他文化传统中建筑发展的平行联系是否存在？要找到与王澍作品具有相似性的外国建筑并不困难，但这种联系似乎太具有偶然性，也难以说明建筑发展的整体性特征。因此，我们可以选择那些已经得到建筑界普遍肯定的作品来进行比较，比如2012年普利茨克奖王澍的作品与2011年密斯·凡·德·罗奖获奖作品。

密斯·凡·德·罗奖（Mies van der Rohe Award，以下简称密斯奖）又名"欧盟当代建筑奖"（European Union Prize for Contemporary Architecture），每两年评选一次，每次两个奖项，分别是大奖与特别关注奖，前者授予一个由欧洲建筑师完成的杰出建筑项目，后者则主要侧重于新近年轻建筑师的作品。作为与普利茨克奖齐名的国际性建筑大奖，密斯奖可以被视为欧洲建筑文化的风向标，也从一个侧面反映了全球建筑发展的前沿倾向。在最新一届2011年的密斯奖中，英国的大卫·齐普菲尔德（David Chipperfield）建筑设计事务所完成的柏林新博物馆（Neues Museum）摘得大奖，西班牙博施-卡普德菲罗建筑设计事务所（bosch. capdeferro arquitectures）的作品"拼贴住宅"（Collage House）荣获特别关注（Emerging Architect Special Mention）奖[3]。尤其值得关注的是，柏林新博物馆项目是在击败李伯斯金的雅典卫城博物馆以及扎哈·哈迪德的罗马现代艺术博物馆等"当红"建筑之后获得奖项，从中可以管窥欧洲建筑界在当代多元建筑图景中体现出的一种特定倾向。这一倾向的直接证据是本次两个奖项之间的高度相似性——两个项目均是在既有历史建筑的基础上将新旧建筑元素融合而成的作品。

柏林新博物馆原由辛克尔（Schinkel）的学生弗雷德里希·奥古斯特·施蒂勒（Friedrich August Stüler）设计，在1841—1859年间建成，是柏林博物馆岛上的核心建筑之一。这座19世纪建筑在第二次世界大战中遭受严重破坏，并且一直处于废弃失修状态。齐普菲尔德的项目修复了博物馆历史建筑，重新添建了被摧毁的部分，并且按照《威尼斯宪章》的原则保存了原建筑的历史信息，明确了新建部分与历史遗存之间的区别。最能够体现该项目特质的，是新建的主楼梯大厅。老建筑的历史砖砌墙面，包括其遭受破坏后失去装饰甚至布满弹孔的状态被完整保留下来，新建的上下主楼梯恢复了原有楼梯的尺度与形制，但是在材料与细部上均突出了与历史遗存的区别，从而实现"填补但并不模仿"的目标。除了建筑主体之外，修复项目还复建了博物馆东面与南面的柱廊，恢复了战前博物馆岛上的城市格局（图1、图2）。

"拼贴住宅"位于西班牙城市赫罗纳（Girona）的历史中心，主要目标是在几座已经较为破败的历史建筑的基础上为一个大家庭建造住宅。建筑师肯定了老建筑厚实外墙与中心庭院的重要性，将这两个元素作为建筑最重要的特征保留下来。尽管这并不是一个像新博物馆那么重要的历史建筑，但是建筑师采用了同样的新旧处理原则，新建部分尊重原始空间格局，但是并不刻意模仿或混淆新旧，

〈图1〉

〈图2〉

而是利用各种元素的拼贴交融给予老建筑新的活力。虽然名为"拼贴住宅"，也确实使用了大量差异化元素，但历史遗存的分量毫无疑问是统治性的，整座建筑体现的并非先锋艺术所崇尚的冲突与矛盾，而是厚重积淀之上的灵活与丰富（图3、图4）。

从表面上看，这两个获奖项目的共同点是与传统建筑元素的密切联系，但这并不足以描述它们的根本特征。不应忘记，曾经风靡一时的后现代主义建筑也同样强调历史传统的借用，"矛盾性与复杂性"的支持者们在"重拾意义"的旗帜下将各种各样的历史元素糅合在一起，这些来自于不同时代、不同文化背景的元素脱离了自身历史语境，被转化为表面符号，以含混、甚至冲突的方式相互叠加，创造出一幅散乱的历史符号拼贴图画。如果说这种刻意为之的混乱体现了一种对待历史传统的轻率态度的话，那么我们可以用"郑重"来描述2011年密斯奖的两个获奖作品对待历史的态度。在后者中，不仅历史元素的核心特征与整体结构得以保存，新建部分更是主动地采取一种臣服的姿态，以谦卑的方式完成对历史传统的补充与扩展。在后现代主义热潮中被削弱为轻薄的表面符号的历史传统，

图3：博施–卡普德菲罗建筑事务所，拼贴住宅（图片来源：http://miesarch.com/work/2350）
图4：博施普德菲罗建筑事务所，拼贴住宅（图片来源：http://miesarch.com/work/2350）

重新获得了"厚度"——质感与建构上的厚度，同时也是历史涵义与价值地位的厚度。

　　正是这种厚度的特征，将密斯奖的两个作品与王澍近年的作品联系了起来。从很多方面可以看到这种相似性。首先是视觉形象上的厚度。厚重感是王澍近年作品中普遍存在的倾向，而新博物馆以及"拼贴住宅"虽然出自两个曾经熟谙轻盈建筑形象的建筑师之手，但是在这里均表现出不同寻常的厚重，新博物馆的主楼梯大厅以及拼贴住宅的内院均体现了这一特征。与王澍一样，齐普菲尔德在这个项目中大量使用了原址上处于荒弃状态的旧砖瓦，将它们重新融入修复工程中，因为数量众多，齐普菲尔德用"百万次的决定"来描述这一循环使用的过程。拼贴住宅中，建筑师重要的拼贴手段之一是加入了色彩、图案各异的加泰罗尼亚地方特色瓷砖，与原初的粗石砌筑墙体形成有效互补。类似的手法在王澍2006年

〈图3〉　　　　　　　　　　　　　　　　　　　　　〈图4〉

的浙江金华"瓷屋"项目中已经出现过，瓷片的多彩与光滑并未抵消墙体的厚度，而是赋予它更充沛的质感与细节。此外，在新建部分的材料选择上，密斯奖两个项目也都主要使用混凝土，这也是王澍近年来习惯采用的主要材料。显然这一雷同亦非偶然，混凝土已经是现代建造体系中相对"古老"的材料，它的质朴与纯粹相较于新颖的工业化建材能够更为安静地与历史遗存相互对话，混凝土体块的实体感也更接近于传统建筑的砌筑体系，无论在王澍还是密斯奖获奖作品中，作为框架体系的混凝土使用均弱于作为实体砌筑式的混凝土使用，建筑师通过特定的材料选择进一步强化了传统元素的厚重感。

从这一角度看来，郑重对待历史传统，着力渲染传统元素的厚重感是将王澍、齐普菲尔德以及博施-卡普德菲罗等建筑师联系起来的纽带。两大奖项之间存在的这种平行特征，如果不能说是宣示了当下发展潮流的话，至少是体现了对某种跨文化倾向的集体肯定。而如果我们将考虑的范围再放大一些，想想李晓东2010年获得阿卡汗奖的桥上书屋以及2009年普利茨克奖得主彼得·卒姆托（Peter Zumthor）的瓦尔斯温泉浴场（Thermal Bath Vals）和克劳斯·菲尔德兄弟礼拜堂（Brother Klaus Field Chapel）项目，就不难发现，对厚度的兴趣在当代建筑中并不稀少。李晓东的书屋虽然并不厚重，但是两旁土楼的厚度是该项目建筑魅力中不可或缺的特征性元素，卒姆托两个项目中虽然没有直接引用历史元素，但沉重实体感显然与欧洲自新石器时代就发展而成的巨型石构保有血缘关系，建筑中的厚重墙体与光线的互动仿佛召唤起罗马风建筑中所特有的、超越凡尘的神秘感。

这些例子说明，对厚度的兴趣并不是孤立的，以上作品所共有的并不是简单的厚重墙体，而是历史传统的厚度与建筑元素的厚度的叠加。这种理念之所以独特，在于它不同于自《未来主义建筑宣言》以来就一直延续的，不断追求轻、追求新、追求变化与运动的现代主义传统。即使现代主义本身不再具有吸引力，但这种精神气质仍然是当代建筑创作的主流倾向之一。也正是因为有别于这一常见的主流倾向，王澍、齐普菲尔德、卒姆托等人的作品才体现出独特的气质，这些"厚"建筑的并存所昭示的已不仅仅是当地传统的延续，而是一种更具广泛意义的、能够对不同文化背景的人产生相似作用的建筑立场。那么，到底是什么内容在支撑这种立场？厚度的意义到底是什么？下文将继续讨论这一问题。

厚度

首先，让我们以王澍的建筑为例，对"厚度"的特征进行更深入的分析。

王澍最早引起广泛关注的作品是2000年完成的苏州大学文正学院图书馆（图5），而近年来的代表作是中国美术学院杭州象山校区与宁波博物馆等作品（图6）。从王澍自己的文字中可以看到，对中国文人传统山水诗意的探索是贯穿这些项目中不变的线索。虽然有这种思想的连续性，我们也不应忽视具体建筑语汇上的转变。从这一角度看过去，很难否认文正学院图书馆与象山校区之间存在一个剧烈的变化，主要体现在从经典的现代主义几何建筑元素转向"厚墙厚顶"、"循环建造"的建筑模式。

将这前后两个作品放在一起比较，了解现代建筑史的人会自然而然地想起另一个更为著名的转向：自20世纪30年代开始，勒·柯布西耶逐渐背离之前精确、明晰的"纯粹主义"（Purism）建筑体系，开始使用更多的传统粗糙材料以及非经典几何形体的建筑形态，这一转向最终导向二战后的粗野风格，以及朗香教堂中模糊、含混、难以言表的宗教气质。如果我们将文正学院等同于萨伏伊别墅，昌迪加尔等同于象山校区，勒·柯布西耶建筑气质上的转变几乎同样可以用于描述王澍前后作品的差异。那么，如何理解这种转变呢？

对勒·柯布西耶的诠释历来是建筑研究的热点，因此对于他这一转向的争论

〈图 5〉

也从未停歇[4]，主流的看法认为，勒·柯布西耶建筑语汇上的变化，体现出他不再一味坚守柏拉图式理想对一个抽象、纯粹、普遍、永恒的几何化完美世界的追求，而能够更宽容地看待无序、有机、变化的价值，承认感官体验乃至于直觉在建筑中的重要性[5]。用美国思想史学家洛夫乔伊（Lovejoy）的话说，就是从理念的"超验世界"（otherworldliness）回归到常识的"现实世界"（thisworldliness）[6]。在早先的纯粹主义别墅中，白色抹灰墙体一方面实现了理想几何形的精确性，另一方面也压制了建筑表面的感官表现，正如路斯（Loos）所表述的，"建筑在外部应该平白，它全部的丰富性应该在内部揭示。"[7]而对于勒·柯布西耶来说，建筑内部所揭示的是柏拉图主义的几何精确性与和谐比率。《新建筑五点》中的底层架空除了具有功能作用外，也有助于强化几何化的建筑体块与大地，或者说是"现实世界"的分离，进而摆脱复杂因素的干扰，在半空中实现柏拉图理想世界的纯粹与独立。与之相反，勒·柯布西耶后期不仅大量使用具有强烈色彩与质感的粗糙材料，底层架空的使用也大大减少，即使存在，底层支柱也不再是纤细的立柱，

图6：宁波博物馆
（图片来源：汇图网，编号：
20140327223528333334，阿凯2010摄）

〈图 6〉

而演变成马赛公寓中典型的斜向粗壮支撑，所塑造的不是漂浮，而是建筑扎根大地的形象。

如果考虑到这一柏拉图主义的背景，就不难理解王澍为何会放弃文正学院图书馆中更接近于"纯粹主义"的建筑语言。简单地说，就是因为柏拉图主义与王澍所推崇的东方文人山水诗意相距太远。在文正学院图书馆中，建筑主体通过立柱支撑脱离水面，一个完整的长方形框架限定了建筑的精确几何边界，也塑造了一个独立自主的建筑体，整体图式类似于朱塞佩·特拉尼（Giuseppe Terragni）在1936年完成的花匠别墅（Villa per un floricoltore）设计。建筑主体与基地的脱离也体现在图书馆内侧的钢框架小品上，整个框架并未直接落地，而是由一个基座所承托，但基座本身的平面尺寸小于框架，因此获得的仍然是一个完整框架悬浮在上的视觉效果。在材料上，除了标志性的白色抹灰粉刷之外，钢与玻璃这两样典型工业材料的大量使用也体现出与经典现代主义传统的联系。当然，这并不是要否认文人山水思想在王澍这一项目中的支撑性作用，而是说从一个观者的角度看来，要摆脱经典现代主义建筑语汇的理解模式，不去联想勒·柯布西耶、特拉尼或者是艾森曼，而是与江南烟雨相联系可能并非易事。或许这就是王澍此后不再使用这一套经典语汇，而开始自己的"厚重"转向的原因，这并非出于核心立场的转变，而是源于对新的、更贴切的、更有利于避免误读的建筑语汇的探索。

自2001年的象山校区以来，王澍开始远离文正学院图书馆的"设计"策略[8]，转而走上"营造"之路[9]。不再以一套抽象、经典的建筑语汇体系为核心，而是侧重于材料、建构、山水场景等更为具体、丰富，并且包容偶然性与差异性的因素。用王澍自己的话来说，他倾向于设计"有些小的、弱势的、融合于自然的、不反光的、质感有些粗糙的、有些脏的、结合地方手艺的、与传统可以衔接的、反标志性的建筑"[10]。从文正学院到象山校区，王澍的建筑所完成的不仅是从"超验世界"到"现实世界"的转变，更是脱离统治性的现代建筑传统，完成自己重建

"本土建筑文化"的承诺。而最能体现这种差异与转变的建筑特征，就是王澍自象山校区以来作品中所特有的厚度。

文正学院图书馆中主导性的*pilotis*+悬浮建筑体的模式，在后期项目中近乎消失（即使偶尔出现也不再是主导性特征），并且被广泛存在的石块砌筑基座所代替是"厚度"特征的直接体现之一。类似细节处理上的细节变化还有很多，如果加以概括的话，可以看到，王澍的"厚度"主要体现在四个不同的层面：时间厚度、材料厚度、建构厚度与劳动厚度。

时间厚度

自2003年的"五散房"项目开始，将废弃的旧砖瓦回收循环使用已经成为王澍最具标志性的建筑特征。为了将形态、材质各异的旧材料融合利用，王澍借鉴了宁波传统建筑中的"瓦爿"技艺，并且与建筑工人一同探索钢筋混凝土结构与

〈图7〉

"瓦爿"技艺的结合，最终成功实现了这一传统技法的大规模利用，创造出高达24m的"瓦爿墙"（图7）。

对于这一标志性元素，王澍提供了多种解释，比如说这是延续了中国建筑循环建造的传统，或者是节约了资源，缩减了成本，但真正具有感召力的是另一个因素，因为使用了废旧材料，他的建筑"一建造起来就有时间，带着50年甚至100年的时间"。历史从传统延伸到当下的现实中，新建筑由此获得时间的厚度。

不仅如此，在谈到宁波博物馆时，王澍强调："它刚建成的时候肯定不是它状态最好的时刻，10年后，当'瓦爿墙'布满青苔，甚至长出几簇灌木，它就真正融入了时间和历史。"[11]建筑在时间中的变化或者"破败"成为一种重要的价值，穆斯塔法维（Mostafavi）与莱瑟巴罗（Leatherbarrow）准确地指出："建筑表面的变化也可以是积极有益的，它让人们认识到变化的必然性，抵抗那种克服命运的欲望——通过对时间的反抗，这种欲望统治了大部分的现代主义建筑思想。"[12]如果说文正学院图书馆的经典几何性与白墙体现了柏拉图主义对永久恒定的渴望以及对衰退变化的抵制（从风格派到艾森曼，纯色的几何构成均被视为永恒普遍的内在律法的最佳象征），那么"瓦爿墙"几乎反转了这一价值判断。时间的流逝不是被反复地粉刷掩盖，而是被直接体现为建筑最重要的视觉特征。建筑如同生命一般成为一段历史的记载，具有过去的源流、当下的转化以及未来的衰变（图8）。时间的厚度让建筑与我们的存在体验之间获得了更为密切的联系[13]。

材料厚度

新与旧的砖、瓦、石以及素混凝土的大量使用，让王澍近期的建筑显得出奇的粗壮厚重。在一定程度上甚至与他所倡导的山水诗意形成某种冲突，毕竟清逸淡薄是文人传统中一项重要的特质。王澍强调了这种"厚墙厚顶"的做法所带来

图8：中国美术学院象山校区墙体（图
片来源：青锋摄）
图9：中国美术学院象山校区墙体
厚度（图片来源：汇图网，编号：
20130902202356434383，一亩良田摄）

厚度的意义   - 47 -

〈图8〉

〈图9〉

的热工性能，但更为核心的仍然是这种材料厚度的文化含义（图9）。

粗糙、厚重材料的使用曾经在"新粗野主义"（New Brutalism）建筑中扮演重要角色，班纳姆（Banham）指出，这倾向的一种重要动机是与推崇比例、对称与绝对的主流现代主义思潮相对抗。后者因为威特科沃（Wittkower）的《人文主义时代的建筑原则》而得到进一步的强化[14]。与之相对，粗糙材料能让观者更多受到强烈质感的影响，因此对材料、对物体本身更为重视，而非一味专注于抽象比例与几何关系。换句话说，在理念与实物之间，新粗野主义让天平倾向了后者。史密森（Smithon）夫妇坦陈，对实物本身的强调来自于"生活艺术平行展"（Parallel of Life and Art）中现成品展示的影响，将具体的、普通的、现成的元素凸显出来，以此对抗现代建筑对抽象、绝对、完美的一味憧憬。

这一历史背景也同样有助于我们理解王澍对材料厚度的探索。在谈及为何轻视明清文人画的原因时，王澍写道："在更早的画家身上，我们可以看到把山水作为一种纯物观看。并无什么'自我'表现欲望的纯粹的'物观'……这种物观只描述，不分析、不急于使用什么理论。"[15]这种"物观"与新粗野主义对现成品的推崇，与材料的厚度有密切的关联，因为它们同样是过度主观抽象思辨的反对者。这也与王澍对自然的尊崇态度相符，而一些废旧材料的使用也进一步强化了这种倾向，它们提示我们传统生活方式中与自然、与日常物品更为直接、质朴的接触。通过这种特殊的方式，王澍将材料的厚重与文人传统联系在一起。

建构厚度

王澍近期项目的另一个重要特征是直接大胆的建构表现。结构性元素不仅被充分暴露出来，而且大量结构部件的尺度与厚度均超越常规，塑造出粗犷、坚硬的视觉印象。最能体现这一特征的，或许是各种栏杆扶手的设计。这些虽然不是建筑的主要结构，却需要考虑垂直与水平双向的结构受力，以及防护与视觉形象等多方面效果，因此往往是建筑师的着墨之处。再加上它们也是人的身体经常触及的部位，能对人的感受产生直接的影响。值得注意的是，在近期项目中，王澍在处理这一元素时压倒性地采用了那些具有明确建构关系的处理方式。例如瓦园，坡道扶手由竖杆支撑与横杆扶手构成，搭接关系简洁明确；在象山二期11号实验中心楼，钢质框架形成明确受力结构，而竹编栏板清晰地体现为框架填充；在御街博物馆，栏板由横向杆件组成，但是也毫不含混地附着在受力结构一旁，而非混为一谈。不同部件之间的受力逻辑与层级关系在这些设计中一览无余，而这是现代主义常用的混凝土砌筑扶手所难以呈现的。

当然，强调栏杆的建构特征绝非王澍所独有，真正让他区别于大多数建筑师的是这些部件的尺寸。很多建筑师倾向于轻巧、简洁的处理方式，而王澍的栏杆部件尺寸往往比常规模式更大，有时甚至达到"粗壮"的程度。一个可能的解释是，倾向轻巧的建筑师试图表现当代材料结构技术的先进，而王澍则刻意要回避这种炫耀，他的结构连接采用的是最质朴的焊接与浇筑，粗壮的尺寸拉开了与"工业先锋"之间的距离。

栏杆只是一个局部的例子，建构的厚度在王澍近期的作品中比比皆是，如混凝土与"瓦爿墙"的交接（滕头案例馆）、悬挑廊道的支撑（宁波美术馆）、屋顶的支撑体系（御街博物馆）等（图10）。充分的暴露、简单明确的关系以及粗大的尺寸，这些因素共同构成了王澍特有的建构厚度。这一特征与材料厚度一同，进一步强化了"物观"的概念，材料并未因为尺寸的消减而被抽象为纯粹的受力结构，而是顽强地保留了自身的实体特质。有趣的是，王澍批评了明清绘画中"物观"的弱化，或许可以认为明清建筑中斗栱用材缩减，装饰性日益超越结构性也是这种"物观"衰减的另一种表现。

劳动厚度

在王澍的建筑历程中有一段特殊的经历，在1990年至1998年间他没有接任何建筑设计项目，也不想在任何的专业部门工作，而是在工地上与工匠们一起工作、一同吃饭，在真实的建造中获取经验。这或许有助于解释类似"瓦爿"之类的传统技艺为何会在他的作品中占有如此重要地位。而在技艺背后是大量手工劳动的积累，"瓦爿"的砌筑、青瓦的铺砌、竹编模板的制作等（图11）。排除了工业化装配生产的确定性与统一性，劳动的厚度不仅仅意味着体力的消耗累积，同时也伴随着在不同的境况下做出永不重复的决定，这也是齐普菲尔德称之为"百万次决定"的原因。

手工艺的使用曾是现代主义起源阶段的热门话题，手工制造曾是工艺美术运动的标志性主张，并且通过凡·德·维尔德的工艺美术学校渗入包豪斯的血液之中。但迄今为止，对于手工艺制造在当代建筑生产中的意义仍然缺乏充分的讨论，我们所拥有的最经典的答案仍然是拉斯金（Ruskin）所给予的："任何艺术品的价值与付诸其上的人性（humanity）成正比。"[16]对于拉斯金来说，人性体现在三个方面：思想与道德目的；技艺；体力劳动，而且这些方面应该能在艺术品中

图10：南宋御街博物馆屋顶结构（图片来源：青锋摄）
图11：中国美术学院象山校区竹片编制的栏板（图片来源：青锋摄）

〈图10〉

〈图11〉

清晰地辨别出来。

　　王澍同样提到了"道德"，在论及传统中国对待自然的态度时，他认为那种"自然、建筑、城市彼此不分的体系……表达着比现在惯常的建筑观更高的道德与价值，我们就有必要在新的现实中重新创建它的当代版本"[17]。在我看来，这段话揭示出手工艺对于拉斯金和对于王澍的不同意义。在拉斯金那里它的价值主要体现为对人的思想与劳动特征的体现，而在王澍这里体现的主要是人与自然的关系。相对于大规模的工业化、标准化生产，手工艺劳动的低效与差异反而体现了对待自然的慎重态度，"自然体现着比人类更优越的东西，自然是人类的老师，学生要对老师保持谦卑的态度。"[18]更为重要的是，这种谦卑还体现在身体与物质材料的直接接触之中，在这种密切的交流中，"物观"才能最大限度地避免被生产原料的概念所替代。劳动的厚度所承载的也正是人们用这种"道德"的方式对待自然的程度。

必须承认，以上四点没有任何一点是由王澍独创的，循环建造至少可以追溯到古埃及中王国时期，材料与建构的大胆暴露也是新粗野主义的主要宗旨，而手工艺制作也在从工艺美术运动到地区主义的历程中一直延续。真正让王澍与众不同的，是将这四点以不同寻常的强度联系在一起，它们之间没有通过对立与差异来塑造冲突与丰富性，而是相互印证与强化，由此创造出王澍近期作品中坚定的"厚度"，尽管上文已对这一厚度的不同方面做出一定的解释，但尚未触及根本。要更为深入地理解厚度的意义，我们需要另外两个概念的协助——"世界"（world）与"大地"（earth）。

轻与重

王澍、卒姆托、李晓东以及密斯奖获奖作品等建筑的厚度之所以显得独特，是因为自现代主义以来，这一特征已经被忽视良久。尽管有新粗野主义以及新陈代谢派的一些作品体现了这一特性，但这两种倾向仍然是在现代主义的理论框架之下，未能跳出束缚，深入挖掘厚度的意义。而在以王澍为代表的"新厚度倾向"（new thickness）建筑师的手中，这一古老建筑特质的不同层面才获得更充分的呈现，带给我们超越传统（这里的传统当然指现代主义之后的主流建筑理念）范畴的建筑理解。

实际上，如果以今天的建筑为参照，那么人类建筑史上绝大部分时期的建筑都是极为厚重的。这不仅仅是因为之前结构与材料技术的限制而不得不建造得厚重，在很多情况下，如金字塔、多立克神庙、罗马风教堂及其20世纪初的模仿者，也同时在利用厚度传达意义，主要是对神明或自然的敬畏。厚度一方面体现了力量，另一方面它难以穿透、抵抗分析（因为无法探知表面之后的情况）的特质也符合"本源"的神秘性。但是在韦伯所述称的"祛魅世界"（disenchanted world）中[19]，厚重的神秘性似乎难以与启蒙理想的清晰、明确、简单、自由相调和，它不得不隐退于其他更符合这一理想的建筑元素之后。

这种分化与转变的历程最戏剧性地体现在森佩尔（Semper）的四元素论中[20]。炉灶、土台、屋顶与围合，弗兰姆普敦将森佩尔的这四种元素分为两类，前两者属于"实体构筑"（stereotomics）——"通过将重的部件重复垒砌成实体与体量"；后两者属于"建构"（tectonics）——"轻质的、线性的部件组合起来包围形成一个空间体系"[21]。轻与重的差别不仅仅是在材质与构筑方式之上，森佩尔强调，厚重的炉灶具有伦理性的意义，它是"建筑中最初的和最重要的元素，也是建筑的道德元素"，"在社会发展的所有阶段中，炉灶都形成神圣的中心，围绕它，所有一切获得了秩序与形状"。[22]而轻质的建构则没有这样沉重的神圣意义，它们的主要作用是空间的围合。换句话说，"实体构筑"更接近于前现代社会的宗教价值体系，而"建构"更接近于现代"祛魅世界"的理念框架。尽管将炉灶列为四元素中最重要的，森佩尔自己论述的侧重已经体现出轻重两方的地位变化，在简单论及炉灶之后，森佩尔余下的篇幅关注于讨论空间"围合"这一种元素，甚至是由"实体构筑"发展出来的砖石墙体砌筑也被弱化为围合背后的、仅仅起到安全与支撑作用的部件，失去了自身的独立意义。在建筑理论史上，森佩尔的著作昭示了一个重要的转变，空间与表皮的概念逐渐兴起[23]，厚重墙体的地位不断削弱。在一个由理性结构、流动空间、底层架空、自由平立面统治的现代建筑世界中，已经不再有炉灶与土台的位置，与之一同消失的是那个传统世界及其价值体系。

没有什么例子比贝伦斯（Behrens）透平机车间与格罗皮乌斯（Gropius）法

古斯工厂之间的差异更好地体现了这种理念与现实中的转变。尽管不难找到两个
作品的相似性——砖墙的横向条纹、玻璃的分割比例、立柱的上下贯通——但透
平机车间的厚重与法古斯工厂的轻盈之间的对比才是给人最直接的印象。这种差异
戏剧性地体现在两个建筑对角柱的处理上，贝伦斯塑造出一个虚假的笨重墩柱，而
格罗皮乌斯通过取消角柱强化了轻巧感与透明性。在建筑物背后，同样存在的是意
图的差别，贝伦斯的目的是通过借用希腊神庙的模式来"神化"工业，他仿佛要
扭转世俗化（secularization）的进程，让工业"复魅"（reenchantement），当代
机器生产被视为更为本源的驱动性精神力量的体现，它只是意志的体现，是"超
人"（Übermensch）的前导与宣传者——查拉图斯特拉[24]。尽管我们不能将尼采超
人哲学等同于传统宗教理念，但相比于启蒙理性的科学化世界图景，这两者似乎更
为接近。而在法古斯工厂中，格罗皮乌斯所关注的完全是另外的问题："良好的通
风，为机械化生产提供合理、开放的平面布局；为设计和管理人员提供良好的采
光空间，使他们能够通过自己的工作改善人们的穿鞋问题。"[25]法古斯工厂的轻巧、
透明、清晰由此成为现代建筑的典范，在佩夫斯纳（Pevsner）眼中，它代表着现
代建筑的真正成熟[26]。从透平机车间到法古斯工厂，从重到轻，从"复魅"到"祛
魅"，师徒二人相隔两年的两个项目浓缩了建筑发展史上的一个重要转向。此后的
过程，大家已经耳熟能详，当希区柯克（Hitchcock）与约翰逊（Johnson）用"国
际式风格"为现代建筑打上标签时，那些不同于他们推崇的白色几何风格，仍然对
厚度念念不忘的建筑或建筑师——赖特、贝尔拉赫、瓦格纳、贝伦斯、阿姆斯特
丹学派、德国表现主义、斯堪的纳经验主义——均被视为现代建筑主流之外的异
类支流，难以摆脱逐渐衰弱并融入主流的命运[27]。在前面的讨论中我们已经看到这
种抽象白色语汇与轻的关系，如果说王澍的文正学院图书馆仍然是这一主流的延
续，那么他近期的厚重建筑无疑是离开了这一主流，而走向了曾经被忽视压制的
异途，这难免让人猜测，王澍是否也如贝伦斯一样要召唤一个"复魅"的世界？

世界与大地

暂时放下"复魅"不谈，有一点是明确的，在王澍的建筑思想中，"世界"的概念占据重要的地位，他不止一次地提到："建造一个建筑，实际上是在建造一个世界。"[28]而中国文人园林是营造世界的典范："一个围墙围起来，有一个控制性的界限；一个房子；房子前面有水池，标准形态的水池上会有3堆石头，背后有山有树，就像《山海经》描述的整个世界的地图，已经把现实的、虚幻的整个世界建到了自己的园里。整个气氛的控制，是关于一个世界；在这个世界里面，我所说的整体性、多样性、差异性都有，用现代术语叫'生态多样性'，形成一个独立的小世界。它和蛮荒的、没有认知的世界非常清楚地切割开来。我已经懂了，这是我所理解的世界，而这个世界诞生了这样一种设计。"[29]

显然，这里所指的园林将整个世界建造在围墙中绝不仅仅是指用缩微的方式将外界的各种因素——山、水、房子、树——放进园子里（如果这样的话，那么遍布全国各地的"世界公园"就应该是个典范），更为重要的是园子通过这种方式让人认识到"这是我所理解的世界"，一个与"蛮荒的、没有认知的世界非常清楚地切割开来"的，能被人认知、理解、欣赏、让人知道如何在其中生活、感受七情六欲的世界。模仿并非山水营造的最终目的，因为你无法模拟整个世界的表象，不同于外部的"蛮荒"，这些元素实际上是高度人化的，它们由人选择，由人造化，所体现的是人对这个世界的根本性理解，这包括解释事物的本性、相互之间的关系、与人的联系，以及人如何在这种条件下构建自身的生活等等。从这个意义上讲，文人园林、枯山水、巴洛克花园或者是"画意"景观都在以同样的方式构建世界，只不过它们各自所开启的世界在上述方面有所不同而已（图12）。

我们不应该将这些抽象的概念性元素视为物质性基础的附着物，从某种程度上，它们的地位更为基本，因为如果没有"山"、"水"、"人"、"行"、"思"等概念的帮助，人根本无法对所谓的"物质"展开思索，因为"物质"本身也是一个概念，甚至用"混沌"与"虚空"也无法描述人所面对的，因为它们同样属于有意义的概念。换句话说，没有这些理念的协助，我们根本无法谈论或思索任何世界，也没有任何世界去面对。世界的诞生就先天伴随着各种各样的理念及其交织而成的意义网络，在这个背景上，事物成为构成"世界"的"事物"，它们之间的关系才成为"世界"中的"关系"，而人也才成为"世界"中的"人"。对于王澍来说，他所营造的是文人传统的"山水诗意世界"，在我看来，这里的诗意就是指让山水成为可理解之物，成为昭示人如何在山水间渔樵耕读的意义网络。正是这个意义网络提示人们如何生存。

或许这也是海德格尔用"世界"（world）这个概念所要表达的。在《艺术品的起源》（*The Origin of the Work of Art*）中，他将世界定义为"掌控一切的，让所有事物呈现出来的关系背景"[30]。在其他一些地方他也使用"现成之物的框架"（frameworkd for preset-at-hand）或者是"本体结构"（ontological structure）等描述。朱利安·杨（Julian Young）解释道："总的来说，'世界'是一个背景，一种通常不被注意的理解，对于一种历史文化中的成员，它决定了在根本上会有什么存在。它构成了准入条件，基础规划……任何东西必须要满足它们才能被呈现为所讨论的世界中的一部分。"[31]正是通过体现这个由意义网络构成的背景，伟大的艺术品，包括中国文人的园林，展现了人们生存世界的"本体结构"，将使所有一切成为我们能理解的一切基础性条件凸显出来，用海德格尔的话来说，艺术品"开启了一个世界"（open a world）。这或许可以解释，王澍所说的小尺度的园林却能营造一个世界的根本涵义。

然而，即使我们接受了对于"世界"的解释，仍然没有回答本文最核心的问题，王澍的厚度特征对于生活世界的重建有什么样的意义？要回答这个问题，我们需要借用海德格尔的另一个概念——"大地"（earth）。简单地说，在王澍的建

图12：中国美术学院象山校区建筑
与景观（图片来源：汇图网，编号：
20150915150045305201，下一秒定
格摄）

〈图12〉

筑所开启的世界中，厚度的作用在于提示我们"大地"的存在，进而意识到世界对大地的依存关系，在对大地保持敬畏的同时，也为世界找到了基础，得以重建一个能令人安居的生活世界。

同样是在《艺术品的起源》中，海德格尔讨论了"大地"与"世界"的关系。前面已经谈到，"世界"是指让一切成为可以被认知理解的事物的意义框架，通过它的作用，我们获得了"天空"、"神"、"人"的概念，在此基础上才能应对一切的事物。当然，这并不意味着所有的一切都是"世界"这个意义框架自动产生出来的，它只是一个"准入条件、基本规划"，是构建一个可理解领域的必要条件，但它并非充分的，它仍然要作用于一个更为原初的"本源"之上才能构建出一个由"物"（thing）构成的环境。只是我们所有的语言概念都是"世界"的产物，因此我们不能用它们去描述那个先于"世界"的，还没有经过"世界"加工的"本源"。举个例子，这就好像一个严重近视的人，通过带上眼镜看清了周围的事物，然后开始描述它们，但不管他的描述有多精确，那都是透过眼镜过滤看到的东西，并非人直接接触到的原本的场景。要想获得这种直接性，他只能脱下眼镜去看，后果却是什么也看不清，更不用说准确地描述了。在这个例子中，"世界"就是帮助我们看清周围的眼镜，而"本源"则是我们试图抛开眼镜获得直视原本的场景，遗憾的是，离开了"世界"我们根本什么也看不清。"本源"必然地处于一种神秘的、无法穿透、无法理解的状态。实际上即使"本源"这个词也是不准确的，只能是一个不恰当的指代，因为这个词也同样属于"世界"，我们所获得的只能是一种间接的理解。

海德格尔所指的"大地"（earth）也就是上文所指的"本源"，正因为它先于"世界"，无法穿透、无法理解，所以"大地在本质上是自我隔离的（self-secluding）"[32]，杨解释道："大地是深不可测的领域，它构成了清晰世界的另一个黑暗之面，这一面背离我们，无法被照亮……一个无法认知的黑暗领域。"[33] "大地"

是必须承认的"本源","世界奠基在大地之上，大地通过世界突显出来。"[34]

了解了这一哲学背景，我们终能回答厚度的意义。尽管无法言说，我们仍然可以用间接的方式来强调对"大地"的认同。而在建筑中，还有什么比厚度能更好地体现大地的无法穿透、无法认知、黑暗与深不可测？在古代世界，人们往往认为创造世界的神明是无法为凡人所理解和掌握的，因此用厚重来体现对这种神秘性的敬畏，王澍的厚度实际上起到同样的作用，只是神明被"大地"所替代，这并不意味着谁更先进或谁更正确，而不过是不同历史阶段的人们在不同的"世界"中对自身、对自身周围的一切所展开的不同反思。两者所共有的是对"本源"的敬畏，尊敬它抵抗解释、抵抗穿透、抵抗抽象的根本特性，不去尝试用任何"世界"中的观点替代它，更不会凭借任何所谓的"先进"理论彻底否定它的存在。从这个意义上说，王澍的厚度的确是在营造一个"复魅的世界"，只是他所复活的不是任何宗教的超验信仰，而是对"大地"的"无知"。

在王澍的近期作品中，"大地"的厚度不仅通过材质与部件的厚度去呈现，在"时间厚度"与"劳动厚度"中也是通过凸显人与"世界"以及"大地"的关系来获得强调。时间是人存在的重要维度，也是我们的限度，每个人都只有短暂的一生，这意味着我们只能从属于有限的"世界"而不可能用无限的时间探索各种可能的"世界"对"大地"的阐释。时间厚度提醒我们依赖于"大地"获得生活世界，但是在有限的生命中我们注定无法去体验它的全部。劳动厚度本身体现了人与"大地"最亲密的接触，以一种谦卑的姿态对待"大地"，我们同时也感受到"大地"作为基础对世界的馈赠。而建构，则典型性地展现了意义框架通过一个结构体系让世界获得秩序与联系的特性，建构厚度的意义在于即使在这一强烈"世界"特征的元素中仍然强调了"大地"的存在，它通过一种特殊的方式让森佩尔所区分的重与轻——大地与世界——重新融为一体。

以上的讨论同样有助于我们理解王澍提到的"物观"，揭示它的涵义同样需要与"大地"相联系。在论及艺术品的"物性"时，海德格尔写道："我们通常'事物'（thing）的概念中'物'（thingly）的成分，从艺术品的视角看来，就是'大地'特征……要想获得一种有意义的、厚重的阐释来揭示事物的'物'（thingly）的特性，我们必须关注，物属于大地。"[35]王澍所谈的"物观"所想要传达的或许就是海德格尔反复提到的"物"性——事物属于大地的特征。这意味着，对于任何事物，从宏大的山水到渺小的砖瓦，都要意识到它们固然在"世界"中获得意义与呈现，但如果没有"大地"给予则不可能存在。如果我们用正确的"物观"去看待它们，那身边的任何事物都将展现出它们与"大地"和"世界"的关系，也就是揭示出存在（being）最本质的结构。这也是海德格尔所说的在任何普通（ordinary）中都存在的不普通（unordinary）的含义。在这种意识之下，任何微小的事物都具有与"大地"同样的无法穿透性，"物观"所强调的仍然是厚度——"大地"的厚度。

如果以上的讨论不是过于牵强的话，可以得到结论，王澍近期建筑中四种层面的厚度，他所强调的物观，实际上都源于一个根本的意图——让"大地"回到"世界"之中，而这与生活世界的重建有何联系？这最后一个问题仍然有待回答。

结语

"自哥白尼以来，人似乎走向一道斜坡，他越来越快地滑离中心，滑向什么？滑向虚无？滑向对他自己的虚无的深刻感受？"[36]篇首引用的这段话来自于尼采的《道德系谱学》，它已经是对现代人、现代社会最经典的观察之一。哥白尼的日心说将地球从宇宙的中心驱离出去，人类不再占有一个由上帝专门安排的特殊位置去观察与理解宇宙，而是变得与其他星体一样无所依托地漂浮在宇宙中。在尼采看来，这意味着人失去了稳固的立足点，失去了扎根之处。而在古典宇宙学中，天体的秩序与等级同时也对应着宇宙的价值秩序与等级，因此哥白尼革命不仅仅是一种宇宙理论的革命，同时也意味着过去支撑人类的古典价值体系不复存在，失去了价值支撑的人类别无选择，不得不面对自身的虚无。

有趣的是，同样是哥白尼革命，美国哲学家卡斯腾·哈里斯（Karsten Harries）却有完全不同的看法。他也认同自哥白尼之后，人类走上一条崎岖之路，但这并不是因为地球不再占据宇宙的中心，而是因为哥白尼的另一个更为基本的信念：透过理性与科学，人能够掌握宇宙的终极真理。在哥白尼的"世界"中，人的身体不再占有宇宙的核心，但人的理性却在另一个层面上占据了宇宙的核心，因为它能够凭借自己的力量准确无误地揭开宇宙的真理。从汉斯·布鲁门伯格（Hans Blumenberg）到卡斯腾·哈里斯，众多学者都指出哥白尼对理性毫无妥协的信心，与基督教唯名主义、宗教改革运动神学思想所秉持的上帝无法被凡人所理解的立场存在冲突，这导致哥白尼《天体运行论》导言与正文的差异。前者由一位路德派神父奥西安德（Osiander）撰写，将哥白尼的理论称为一种假设，而后者由哥白尼自己撰写，并坚信通过理性分析，人类可以直达确凿的真理[37]。在这两者中，显然是哥白尼的观点更能得到当代人的认同，经由17世纪科学革命、18世纪启蒙运动、20世纪新的物理学革命与技术发展，当代人对科学与理性的认同每天都在日常生活中强化，与之相随的是一种"客观"（objective）看待世界的观点：用一种科学、理性、中立的眼光去理解世界，而世界也被认为是由各种"客观"之物构成的，它的终极真理必将被"客观"的研究所发现。在卡斯腾·哈里斯看来，正是这一起始于哥白尼的"客观"倾向导致了人类的虚无。

哈里斯指出，对"客观性"的追求导致我们在思索世界之时必须抛弃人的利益、兴趣、视角、意义等观念，因为这些观念有太多人的成分，会导致偏见与谬误。"人自身与世界脱离开来，被变成一个无兴趣与利益偏向的中立观察者。"[38]而获取这一"客观性"（objectivity）的代价则是"意义被从这个世界中驱除出去。

对真理的追求……无法与【意义的】虚无分离开来"。而在另一个层面，因为身体中蕴含太多人的欲望、享乐、痛苦等因素，也有碍于"客观性"的达成，身体只能让位于纯粹、抽象的思辨。感觉不再可靠，逻辑推理才是值得推崇的。数学与几何提供了这种脱离身体的"客观性"的典范，柏拉图主义在现代主义运动中的核心地位，及其时至今日仍然在对建筑形态产生影响足以证明这种倾向的广泛与深入。

不难看到，这种客观世界的观念与我们之前讨论的"大地"与"世界"的模式有多大的区别。在前者，宇宙是由"客观之物"构成的，意义只不过是人加诸其上的附着之物，它既不本质，也与"客观之物"没有必然联系，因此缺乏根本性的基础，随时可能受到质疑、挑战乃至抛弃。在这种情况下，人只有两个选择，要么坚持探寻有意义的存在，但不得不接受任何意义均缺乏根基，无所依靠的事实，由此只能在虚无中挣扎；另一选择是彻底放弃意义的追求，让人自己也变成"客观之物"，如此物化的人不再对生活进行反思，仅仅是满足于被机制或习俗所确定的生活方式，这也就是萨特所说的"is"或"they"。在两种情况下，意义均从世界中消退，"诗意"不复存在。

而在"大地"与"世界"的模式中，"世界"本身就是一个相互交织的意义网络，通过它，"大地"才从无法穿透的厚度中凸显成为我们可以认知理解的一切。因此意义是我们周围一切之物的基础条件之一，更不可能随意抛掉，所谓的"客观之物"是对存在的扭曲，因为它抛弃了一个最为核心的要素。在这种理解之下，不仅任何存在之物对于人都具有意义，而且这些意义早就在"世界"中结成结构性网络，也正是因为这样，山水不仅有诗意，而且还与人，与人的生活存在本质的联系。因此，王澍所提到的"山水诗意的生活世界"的重建无法通过在"客观之物"上附加文人情怀来实现，因为这必然是空虚和偶然的。正确的道路只能是抛弃"客观世界"的观念，接受"世界"的意义本质、接受"大地"的厚度，以及人在"大地、天空、神明、死亡"四重因素交织之下存在状态。这需要一种彻底的哲学观念的转变,但是对于那些坚持"客观世界"理念的人,这一切都不过是无稽之谈,自然也无从谈起任何诗意的重建了。

必须强调的一点是,接受"大地"与"世界"的模式并不意味着拒绝理性与科学,而是不再将它们视为直达终极真理的路径,将当下对"客观"世界的认识视为唯一正确的。更为健全的态度是认识到理性与科学同属于"世界"的意义网络,需要与其他的因素——意义、价值、身体、幸福——相关联,"客观"的分析只是这一网络中的一部分,为了某种特定的目的而发展而成,但绝不是唯一理解事物的方式。就像在王澍的作品中,当代的材料与技术仍然在使用,并且仍然占据主导性地位,但是它们都不是孤立地自成一体,而是与厚度、与传统、与诗意密切结合。这种相互关联的体系,才与王澍所主张的"世界"的营造相符。

接受"大地"与"世界"的概念,还同样意味着接受"世界"的限度。我们不能将"世界"等同于更为本源的"大地",不能认为我们今天所身处的"世界"是唯一可能的世界。在我们的"世界"之外还可能有其他不同的"世界",其他不同的意义网络,所塑造出的是完全不同于我们对周围一切的理解以及完全不同的生活价值与目标。这似乎是导向虚无的相对主义,但是不同的是,"世界"尽管不同,但是却共同奠基于同一个"大地"之上,它的馈赠决定了并非任何"世界"都是可能的,只有某些意义网络能够产生更为丰富和深厚的内容,令人类的生活更为厚重。在这个意义上,认识"世界"的限度也就是认同"大地"的厚度,认同"大地"可以赋予我们更丰富的可能性,或许有更为精彩的、完善的"世界"有待发掘。对待厚度的谦卑,实际上是安静地守候,期待更为奇妙的"世界"在未来展现。厚度不是一种消极而沉重的态度,而是乐观和安详的,一个不同于当代喧嚣的"平静的世界"。这在我看来,才是王澍建筑中厚度的真正意义。我们看到,这种意义并不仅仅对于今天的中国人有价值,它所针对的实际上是所有现代人所面对的价值虚无，也正是因为这个问题的普遍存在，才会看到世界各地不同的建筑师选择了同样的"厚度"倾向。而王澍作品的价值，也借由对这一普遍问题的回应，而能够被分属不同文化传统的人们接受。

如果如尼采所说，自哥白尼之后人才滑向斜坡，那么哥白尼之前的世界或许对我们应对今天的问题更有启示。在那个古典世界中，地球固然处于宇宙的中心，但这个中心并非一个优越的位置。相对于完美天体的轻盈与永恒，地球是沉重和多变的，是那些较低等级的元素不断汇聚塌缩形成的[39]。因此，在古典世界的宇宙等级中，中心实际上是最低一等的，相对于天上的神明，生活在中心的人类也是低等而可悲的，地心说所对应的是对人类限度的接受，因此在希腊悲剧中俄狄浦斯才会感叹最美好的事情是不降生到这个世界上。然而，就是在这样一个低劣的位置，接受了自己限度的人类却获得了特殊的机会能够"观察天堂以及整个宇宙的秩序"[40]。这个故事的寓意在于，一旦人接受了自己的限度，接受了自己的不足与缺陷，可能反而能有机会获得更为美好的"世界"图景。哥白尼对理性的信心打破了这种谦虚，从而导致了"客观世界"的价值虚无。或许我们应该回到前哥白尼时代，不是恢复亚里士多德的宇宙模型，而是重新接受对人类限度的认识，重新树立对宇宙对"大地"的敬畏，重新承认厚度的意义，由此才能真正开始"诗意世界"的重建。

（原载于《建筑师》第161期，2013年2月，在本书中有所改动）

注释

1　王澍，陆文宇. 循环建造的诗意 [J]. 时代建筑, 2012, (2): 67.

2　Hans Blumenberg指出，在思想史上真正的推动力，也是联系不同文化发展阶段的因素是持续存在的、不断获得新的解答的问题，而非某种特定的答案。见BLUMENBERG. The Legitimacy of the Modern Age [M]. Cambridge, Mass London: MIT, 1983: Part I.

3　见http://www.miesarch.com/index.php?option=com_content&view=article&id=23&Itemid=36&lang=en

4　如Passanti就否认勒·柯布西耶的建筑思想前后有根本性的转变，认为仅仅是同一思想不同的表现。见PASSANTI. The Vernacular, Modernism, and Le Corbusier [J]. The Journal of the Society of Architectural Historians, 1997, 56 (4).

5　COLQUHOUN. Modernity and the Classical Tradition: Architectural Essays, 1980–1987 [M]. Cambridge, Mass.: MIT Press, 1989: 156.

6　Lovejoy用other-worldliness与this-worldliness的差别来阐述柏拉图主义的核心，见LOVEJOY. The Great Chain of Being: A Study of the History of an Idea: The William James Lectures Delivered at Harvard University, 1933 [M]. Cambridge, Mass: Harvard University Press, 1936: Chapter 2.

7　LOOS. Ornament and Crime [J/OL] 1905, http://www2.gwu.edu/~art/Temporary_SL/177/pdfs/Loos.pdf.

8　Adrian Forty指出，"设计"这一概念同样有强烈的柏拉图主义背景，见FORTY. Words and Buildings: A Vocabulary of Modern Architecture [M]. New York, N.Y.: Thames & Hudson, 2000: 136.

9　对"营造"概念的探讨，见王澍. 营造琐记 [J]. 世界建筑, 2012, 263.

10　王澍. 问答王澍 [J]. 世界建筑导报, 2012, 145: 5.

11　王澍. 我们需要一种重新进入自然的哲学 [J]. 世界建筑, 2012, 263.

12　MOSTAFAVI and LEATHERBARROW. On Weathering [C]//Mallgrave. Architectural Theory Vol 2 An Anthology from 1871 to 2005. Oxford; Blackwell. 2007: 564.

13　在《存在与时间》中，海德格尔阐述了人的存在所内涵的时间向度。

14　关于《人文主义时代的建筑原则》与当时现代主义理论之间的联系，见PAYNE. Rudolf Wittkower and Architectural Principles in the Age of Modernism [J]. The Journal of the Society of Architectural Historians, 1994, 53 (3).

15　王澍. 营造琐记 [J]. 世界建筑, 2012, 263: 23.

16　RUSKIN. The Stones of Venice [M]. 2nd ed. London: Smith, Elder and Co., 1867: 200.

17　王澍，陆文宇. 循环建造的诗意 [J]. 时代建筑, 2012, (2): 67.

18　同上: 66.

19　马克思·韦伯用这个概念描述由"科学理性"取代"神性"的现代社会，见WEBER, GERTH and MILLS. From Max Weber: essays in sociology [M]. New ed. London: Routledge, 1991: 139.

20　SEMPER. Four element of Architecture [C]//Mallgrave. Harry Francis Mallgrave, Architectural Theory Vol 1 an Anthology from Vitruvius to 1870. Oxford; Blackwell. 2006: 221.

21　FRAMPTON, CAVA and GRAHAM FOUNDATION FOR ADVANCED STUDIES IN THE FINE ARTS. Studies in Tectonic Culture: The Poetics of Construction in Nineteenth and Twentieth Century Architecture [M]. Cambridge, Mass.: MIT Press, 1995: 5.

22　SEMPER. Four element of Architecture [C]//Mallgrave. Harry Francis Mallgrave, Architectural Theory Vol 1 an Anthology from Vitruvius to 1870. Oxford; Blackwell. 2006: 221.

23　关于空间概念的兴起，见FORTY. Words and Buildings: A Vocabulary of Modern Architecture [M]. New York, N.Y.: Thames & Hudson, 2000.

24　贝伦斯这一时期的思想受到尼采的强烈影响，他这一阶段的建筑也被称为查拉图斯特拉风格。

25　CURTIS. Modern architecture since 1900 [M]. 3rd ed. London: Phaidon, 1996: 104.

26　PEVSNER. Pioneers of Modern Design: From William Morris to Walter Gropius [M]. Harmondsworth: Penguin, 1970: 36.

27　HITCHCOCK and JOHNSON. The International Style [M]. Norton, 1966: 23.

28　史建，冯纪忠. 王澍访谈——恢复想像的中国建筑教育传统 [J]. 世界建筑, 2012, 262: 28.

29　同上: 27.

30　HEIDEGGER. Basic Writings [M]. Rev. ed. London: Routledge, 1993: 167.

31　YOUNG. Heidegger's Philosophy of Art [M]. Cambridge: Cambridge University Press, 2001: 23.

32　HEIDEGGER. Basic Writings [M]. Rev. ed. London: Routledge, 1993: 173.

33　YOUNG. Heidegger's Philosophy of Art [M]. Cambridge: Cambridge University Press, 2001: 40.

34　HEIDEGGER. Basic Writings [M]. Rev. ed. London: Routledge, 1993: 174.

35　同上: 194.

36　NIETZSCHE. The Complete Works of Friedrich Nietzsche [M]. Edinburgh: T. N. Foulis, 1910: 201.

37　见BLUMENBERG. The genesis of the Copernican world [M]. Cambridge, Mass. London: MIT, 1987: 200.

38　HARRIES. Infinity and Perspective [M]. Cambridge, Mass.; London: MIT Press, 2001: 311.

39　在亚里多德宇宙学中，地球是由4种低等级的元素构成的，而天体则是由更高等级的第5元素构成。

40　阿那克萨哥拉以此回答人为何会出生，引自BLUMENBERG. The genesis of the Copernican world [M]. Cambridge, Mass. London: MIT, 1987: 9.

我们依然相信建筑实质性改变世界的能力。

——开放建筑宣言

依然蜿蜒
——歌华营地体验中心与现代主义传统

在为1966年版的《国际式风格》（*The International Style*）一书撰写的前言中，希区柯克（Hitchcock）为读者展现了一幅优美的场景，他将20世纪建筑的发展比喻为一条河流：一开始缓慢流淌，宽阔而自由，在20年代，河流涌入狭窄的河道，开始以革命性的速度向前奔腾。到了30年代早期，水流重新变宽，蜿蜒而行[1]。在希区柯克看来，经由20年代的冲击与激越，现代建筑在30年代发展成熟，成为一种稳定的传统，与之前那些主导欧洲建筑两千多年的历史传统类似，建筑将在这一宽广的传统之上平稳发展。希区柯克没有预见到，就在这个经典比喻面世的同一年，另外两本书的出现将使平静的河流波澜再起，它们是阿尔多·罗西（Aldo Rossi）的《城市建筑学》*Architettura Della Città*）以及罗伯特·文丘里（Robert Venturi）的《建筑的复杂性与矛盾性》（*Complexity and Contradiction in Architecture*）。伴随着对"幼稚功能主义"（naive functionalism）与"清教徒式道德语言"（puritanically moral language）的批判[2]，新的激流开始不断涌现，似乎20年代的景象将再次出现，建筑将在剧烈的变革中狂飙突进。

正是在这种亢奋的情绪之下，查尔斯·詹克斯（Charles Jencks）为中国建筑设定了路线图：要想追赶20世纪70、80年代的风起云涌的浪潮，中国必须先通过20年代的河道，经过成熟的现代主义阶段之后才能开启后现代主义的"范式转换"（paradigm shift）[3]。在这一点上，这位后现代主义的拥趸却固守着一个传统的现代理念——历史的线性进步。中国建筑师的唯一出路在于沿着西方走过的单一路径迅速追赶，除了后现代主义之外，还有批判建筑、后结构主义、块茎与褶皱、新实用主义、后批判倾向等需要补习。在20世纪最后30年的建筑理论镀金时代，"革命"的频率与反叛性在不断强化，也令中国建筑师的追赶越发吃力，在激流涌动中晕头转向。

詹克斯的路线图为我们理解当下中国很多有着强烈现代主义特征的作品提供了一种解释，这些建筑的价值在于补上经典现代主义这一课，虽然已经晚了将近一个世纪。然而，我们必须接受这么令人沮丧的论断吗？如果如希区柯克所说，在60年代之后当代建筑的发展是在现代建筑传统中蜿蜒而行，而非波涛汹涌的激进变革，那么中国的现代主义建筑就会显得自然而从容，无需背负勉力追赶的狼狈。站在近50年之后回看过去，或许希区柯克的论断更符合现实。尽管60年代以来的理论生产与激进建筑立场层出不穷，更新换代的速度与幅度也并不逊色于20年代，但这些浪潮均已逐渐消散。20年代的湍流改变了世界建筑流动的方向，而20世纪末的种种新浪潮更像是大河流淌中泛起的阵阵浪花，瞬息涌动并不足以撼动总体走向。从后现代到块茎，这些新创的理论概念及其代表作迅速成为历史故事而非现实样本，而现代主义，作为一种传统，仍然在支撑着全球绝大部分建筑师的创作探索，希区柯克所描述的河流仍在缓慢流淌。

显然，这样一种理解让我们用一种更为平和的眼光来看待中国，乃至全球建筑的发展。马尔格雷夫（Mallgrave）与古德曼（Goodman）认为激进理论创新的时代在20世纪末结束（准确地说是1998年，迈克尔·黑斯【Michael Hays】编辑的《1968年以来的建筑理论》（*Architecture Theory since 1968*）出版之时）[4]，而索莫尔（Somol）与怀廷（Whiting）则公开呼吁从对抗性的、革命性的"热"（hot）建筑转向建设性的、合作性的"冷"（cool）建筑[5]。同样，在中国建筑界我们也看到更为冷静和从容的建筑实践与建筑评价。尽管"热"潮追随者从未断绝，但是越来越多肯定的声音在一些从属于强烈现代建筑传统的作品周围响起。摆脱了詹克斯所说的追赶历史的原罪，中国建筑师以及研究者的价值选择中透露出不断增长的成熟与自信。

能够体现这种倾向的一个典型事例是开放建筑（OPEN Architecture）设计完成的秦皇岛歌华营地体验中心在2013年所获得的肯定。这样一个有着强烈而经典的现代主义特征的作品能在"现代主义被宣布死亡"的40年后得到中国建筑界的赞誉，看似"保守"的结论之下所展现的实际上是坚定的价值判断。这种冷静的立场以另外一种方式与西方建筑界各种"热"潮的冷却同步，歌华营地或许能够帮助我们更深入地理解这种现象的根源。在它的现代主义特征之上，我们也将尝试回答是什么力量支撑着现代建筑河流的平静蜿蜒。

歌华营地的现代主义特征

歌华营地体验中心坐落在北戴河一个被称作"怪楼奇园"的景区内，真正的怪楼——20世纪20年代美国传教士设计修建的一座有着特殊光照考虑的建筑——早已消失不见，取而代之的是一组由旅游经济所催生的中世纪堡垒、文艺复兴廊桥、拜占庭教堂以及法国城堡。在一个着力重塑异域风格以吸引内外籍游客的城市，这些拙劣的仿古建筑实际上并不显得奇怪，反倒是歌华营地在外观上的朴素平常在这里显得有些格格不入。身处当地拍摄婚纱照的热点地区，这座建筑从未出现在任何婚纱作品之中。从外观看来这座建筑的普通和平淡几乎到了一个极致，竹板条、玻璃幕墙以及檐口，仅仅三个词语就足以概括它的外部特征，没有任何试图与周围"历史"建筑产生关系的迹象。这种有趣的对峙令人联想起阿道夫·路斯（Adolf Loos）以苍白的墙面对抗波将金城市（Potemkin City）维也纳的虚荣浮华。然而对抗并不仅仅是全部，路斯写道"现代人把他的衣服用作面具。他的个体性是如此强大以至于不再能够用衣服这样的物品来表达。摆脱装饰是精神力量的标志。"[6]由此才有路斯作品中常见的质朴外观与丰富室内环境的强烈区别。在苍白墙面的背后，建筑的内在才是路斯真正关注的，传统的装饰、温馨的色彩、多变的空间规划（Raum plan），这些直接影响居住者日常生活的元素才是需要精心设计的，而非鼓励"可怜的小富人"攀附高贵的时尚。同样的原则也适用于歌华营地，虽然没有路斯近乎极端的对抗性，这个建筑采取的是冷静漠视的态度，核心的品质不在于外部的炫耀与猎奇，建筑师真正关注的是建筑内部，如路斯所

〈图1〉

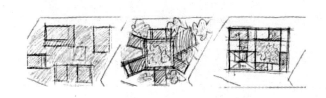

说，个体性来自于内在力量而非外套的选择。

在实际设计过程中，歌华营地的确是从内部开始生长而成。以内部庭院的形式保留场地中原有的4棵大树的概念已经出现在早期的草图中（图1）。随即方案经历了从松散聚落转向内院式规整几何形体的转变。在后一个方案中，建筑的特征来自于长方体块与基座之间的错落布局，几何面的纯粹、封闭与开放的对比，格式塔完形的暗示，这些元素构成一个经典的关注于自身几何形式构成的设计，场地边界以及地形的起伏均被排除在考虑之外（图2）。随后发生的改变是戏剧性的，如果借用勒·柯布西耶的概念来描述，方案从早期的"纯粹主义"（purism）阶段转向了对"塑性声学"（plastic acoustics）的接纳[7]，也就是说，从建筑独立自我（autonomous）的几何形式构建转向对场地、对气候、对文化等多重现实因素的吸纳（图3）。在朗香教堂中，东、南两向的曲线回应了地形、城镇与人流的"声音"，从而奠定了建筑的核心结构。同样的策略定义了歌华营地的诞生，建筑师将场地红线边界与高差变化两种条件引入早先的几何内院设计之中，这两种声音决定性地塑造了整个建筑的特质。在保留长方形内院的基础上，建筑的外轮廓放弃了长方形的限制，跟随场地规划条件退线生成，建筑室内地坪也不再是单一水平，而是随形就势地设置不同区域的标高，通过室内阶梯相互连接。在这一点上，歌华营地的确与路斯"空间规划"理念相符，建筑主要部分分布在5个不同的标高之上，也拥有不同高度的室内空间。有了内院、边界与高差这三个决定性要素，建

图2：早期强调几何特征的方案（图
片来源：OPEN提供）
图3：实施方案早期草图（图片来源：
OPEN提供）

〈图2〉

〈图3〉

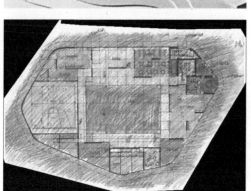

筑的平面变得简单而清晰，主要的室内空间围绕内院布置，一条包含了4段楼梯的

通道构成主要的交通流线。建筑四边较为宽裕的区域用于主要房间，而外围曲线

造成的边角用于对形状不太敏感的交通与休憩功能。

　　另一个与现代主义传统密切相关的是开放平面，开放建筑创始人李虎坦陈这

是受到密斯（Mies）巴塞罗那德国馆的启发。几道主要的独立墙体在早期的草

图中已经确定，它们各自限定出几个半围合的主要室内空间。不同于巴塞罗那馆

的是，这里的独立墙体大多同时肩负主要支撑结构的任务，因此使用了裸露素混

凝土的表面处理方式。清晰的模板印记强化了墙体的建构特征，其他非承重墙体

的白色粉刷饰面进一步明确了主体结构的独立性。在早期草图中，李虎希望这是

一个纯粹由墙体构成的室内空间，但是为了获得更为开放的流动性，部分墙体被

立柱所取代。显然建筑师与结构工程师经过了特别的努力削减了墙体与柱子的厚

度。遵循经典的现代主义原则，墙体与立柱，结构与围合之间保持了明确的独立

性。从概念的清晰到结构的分明，歌华营地体现了建筑师对"精确性"（precision）

的热衷。李虎常常强调勒·柯布西耶的这个概念在他的设计哲学中的重要位置[8]，

明晰而坚定的理念是最为核心的，这一柏拉图主义线索在早期纯粹主义方案中最

为强烈，但也并未在后期方案中消失。

　　另一个将歌华营地与勒·柯布西耶20世纪20年代的工作相关联的是内院的

设计（图4）。在倾斜的场地中，几条看似随意的坡道绕过原有的几棵大树，形成

"之"字形的图案。这种似乎过于简单的处理实际上有更为充分的理由，几条坡道

实际上将4个不同标高联系起来，构成了无障碍通道体系。坡道加内院，这正是萨

〈图4〉

伏伊别墅的中心区的设计，勒·柯布西耶着力于"建筑漫步"（promenade archi-tecturale）的空间体验，而歌华营地则有更多的功能性考虑。在这样一个儿童服务机构中，无障碍设计显然是必须满足的，庭院走道就扮演着无障碍坡道的角色。在施工方案中，李虎还曾经设置一段室外楼梯将内院坡道引向屋顶花园，如果实现的话无疑使与萨伏伊的相似性更为明确，但是因为无法满足建筑师所要求的施工精度而被最终放弃。这一缺省以及院内原有的大树在施工中的不幸死亡是整个建筑两大难以弥补的遗憾，也在一定程度上影响了内院的品质。

屋顶花园同样是一个经典的现代主义理念，歌华营地试图以这种方式补偿建筑对原有绿地的侵占。在概念模型中李虎希望将屋顶花园塑造成为儿童的游戏场地，同样有着高低起伏与各种休憩游乐设施。雕塑性的楼梯间形体以及有斜撑的独立墙面提示了建筑与马赛公寓屋顶处理的相似性（图5）。在这个弥漫"绿色"与"有机"的时代，屋顶绿化似乎成了必不可少的点缀，但是开放建筑事务所在当代MOMA屋顶开辟的试验田展现了建筑师们对待这个古老概念的认真程度，实际上，这也是他们其他很多方案的驱动性理念之一。同样，在真实实施中，这些屋顶设施也大多没有实现，削弱了建筑的趣味性。

对精确性的追求同样体现在建筑细部的控制上。为自己的建筑设计室内，乃至于家具是开放建筑的工作原则之一，有时候甚至是免费设计，由此可以看到建筑师对待精确性的严肃程度。歌华营地的室内设计以及大量家具的设计也都由开放建筑完成，很难想象这个建筑从设计到最终完成仅仅耗时6个月，有着典型的中国建筑速度，以及非典型的细部充实度。要实现这一点不仅需要建筑师的努力付出，施工方的精心合作，同样重要的是经验与控制。你需要知道在6个月时间中哪些是能够完成的，哪些是不宜尝试的。我们已经看到最终完成的建筑舍弃了不少有价值的东西，但即使如此，歌华营地的细部设计仍然保持了相当的厚度与品质。比如，在入口门扇的扶手上，李虎设计了内外两种不同的扶手形态，分别对应推和拉的开启动作（图6）。简单实用的设计同时强化了建筑内外的差别，如卒姆托（Zumthor）所说，"门把手……就像一种特别的符号，提示你进入了一个不同情绪与味道的世界。"[9]环绕内院的主要通道上的四段楼梯的设计同样值得注意。为了增强活跃性，梯步的一侧被处理成可以坐卧的不同大小的平台，简单而明确的处理再加上高差与水平错落的并存，让四段楼梯成为整个建筑中最具特色的部分之一。为了获得精确的线条，这些楼梯都在用于不同于其他区域水泥地面的青色石材，同样有效地突出了楼梯的特殊性，给予空间的转化更强的心理提示（图7）。营地剧场舞台幕墙的设计也有深入的考虑，两道幕墙并列主要通道两侧，可以根据需要分别开启，折叠收向两端，由此形成室内、室外、室内外结合的不同演出空间。面向内院的外侧幕墙上开启了上疏下密的长方形孔洞，对于孔洞的开启方式建筑师尝试了十余种不同的设计，现在的成果甚至考虑了儿童向上视角的斜度。建筑师的概念来自于北方白桦树上的眼睛状斑纹，或许可以看作对内院中逝去大

〈图5〉

图6：内外门把手的差异设计（图片
来源：OPEN提供）
图7：室内楼梯设计（图片来源：
OPEN提供）

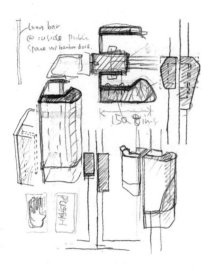

〈图 6〉

〈图 7〉

树的回忆（图8）。另一个非常精彩的细部设计是楼梯扶手，尤其是扶手的立柱。为了保持双向的刚度，建筑师通过钢板的斜向转折塑造出极富雕塑感的建构细节，戏剧化地展现了材质的力学特性。这个细部成为贯穿整个建筑的主题之一，在不同场合以不同的材质与尺度出现。尤其是在转角楼梯部分，梯步厚重的实体感与钢制扶手的轻盈与转折形成了强烈的对比，两种典型现代建筑材料通过并置的方式展现了自身的特性，从勒·柯布西耶到卡洛·斯卡帕（Carlo Scarpa），这种经典手法的感染力显然并未穷尽（图9）。而在其他细节的处理上，比如入口服务台、立式书架、顶光，甚至书籍的摆放，都由建筑师控制完成，也都体现出明确的现代主义特征。

现代主义者

在表面的建筑语汇之下，开放建筑与现代主义传统的关系实际上更为深远。

歌华营地与勒·柯布西耶以及密斯·凡·德·罗建筑作品与理念的关系已然非常明显，而当李虎半开玩笑地宣称自己拥有中国最全的勒·柯布西耶作品时，我突然想起了他在大学四年级时完成的旅馆设计（图10）。当初作为大四学生观摩他的范图时，我并不明确这个方案的感染力来源于哪里。而李虎的话让我突然找到了线索——勒·柯布西耶的拉图雷特修道院。起伏的地坪，底层架空、上部规整密集的房间，底部松散、错落、雕塑化的功能空间，这些拉图雷特修道院的特征正是李虎旅馆设计中的决定性元素。而对开放建筑事务所的访问令我确信，这种潜在的线索从大学时代开始就埋藏在李虎的作品之中，时至今日仍然是开放建筑的核心信仰之一。

从斯蒂文·霍尔（Steven Holl）事务所到开放建筑，在李虎主导的一系列设计中，底层架空是不断重现的主题。谈及这一理念的渊源，李虎坦陈，从大三开

〈图 8〉

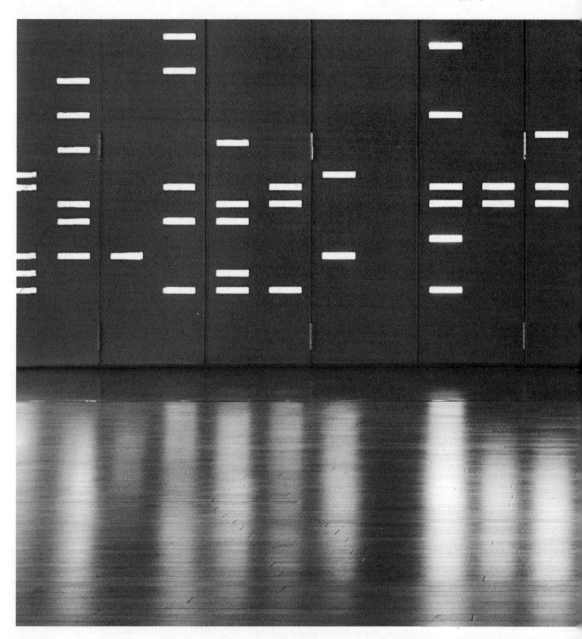

〈图 9〉

〈图 10〉

始，勒·柯布西耶的影响已经融入他建筑思想的血脉之中，从而有意无意地不断在作品中浮现出来。当代MOMA的空中连廊可以被视为这一概念的戏剧化表现，所起到的更多是塑造形体的视觉任务。但是在深圳万科中心，这一概念回到了本源——将地面解放出来，提供给公众活动。从某种程度上，李虎甚至比勒·柯布西耶更为确凿地实现了这一理念。在绝大多数情况下，勒·柯布西耶的底层架空空间仅仅提供了容积，由于缺乏设计与设施的支撑，罕有公共活动在这里发生。而李虎则对空余出的地面进行了明确的定义，植被、水体、小品的精心布置为驻留休憩提供了支持与引导，万科中心的底层成为真正开放的公共活动场所，或许这是对事务所名称的最好建筑解读之一。颇有讽刺意味的是，OMA的CCTV大楼以同样的理由来解释空中体量的悬挑，但是没有任何一个普通人能够不受盘问地进入被退让出来的地面。尽管有着这样那样言辞上的攀附，一个"古老"的现代主义理念，仍然需要执着的努力才能获得真实而彻底的实现。开放建筑近期正在建设的北京四中房山校区以及网龙公社集体公寓同样采用了底层架空的策略。尤其是在北京四中项目，底层架空区域的利用更为多元，除了惯常的开放活动领域，一些大跨度公共房间与地面起伏坡度结合在一起，可以被看作用平地起山的方式来营造拉图雷特起伏的山体。不过人造山体下多元的空间效果给予这种相似性充分的辩护。

另一个开放建筑一直坚持探索的现代主义概念是"批量定制"（mass customization）。通过标准化的批量制造，以及能够适应个性化要求的变异与组合，开放建筑试图在效率、造价以及个体需求之间获得平衡。近期正在进行的万科标准化售楼处以及网龙公社集体公寓中均集成了相关的想法与尝试。自德意志制造联盟关于标准化的争论以来，这一概念经由勒·柯布西耶"多米诺"体系，格罗皮乌斯住宅实验、20世纪50、60年代工业化住宅，以及阿基格拉姆（Archigram）拼插城市（plug-in city）等人物与事件的推进，仍然是需要建筑师探索的问题之一。核心的问题并不在于标准化与个性化的差异，更大的挑战是标准化整体预制与建筑实用品质，如防水、保温、隔声等要求之间的匹配性。开放建筑试图用这种方案解决中国大规模建造的问题，然而需要探索与解决的挑战或许比想象的要大得多。

如果以上的证据还显得过于局部和偶然，不足以证明开放建筑与现代主义传统内在联系的话，那么事务所设计哲学的自白——"开放建筑宣言"，提供了更为强硬的证据。"我们依然相信建筑实质性改变世界的力量"，这是宣言开篇的第一句话。这里面一个有趣的词语是"依然"，它说明宣言的制造者并不仅仅是在阐明一个信仰，而是明确地将这个信仰与某种曾经存在过的传统相参照。"依然"所表明的是一种延续与继承，即使中途曾经遭受挫折与否定。"改变世界"是现代主义传统中最激动人心的理想之一。自阿尔伯蒂（Alberti）开始，建筑除了能够满足业主需求，还能够对整个社会产生影响的观念就不断增长，经由普金、拉斯金以及莫里斯的阐释，建筑的社会作用成长为现代建筑三大核心理念之一[10]。但是这个概念真正获得实质可能仍然依赖于现代建筑材料、结构、组织体系的建立。从未来主义开始，建筑师们看到了利用新的技术与生产方式大规模改造传统生活环境的可能性。前面谈到的底层架空以及标准化生产均从属于这样新出现的可能性。对建筑社会作用的乐观信仰的顶峰出现在勒·柯布西耶《走向一种建筑》的末尾："建筑或者革命？革命可以避免。"[11]开放建筑选择宣言这种激越的模式，以及"世界"这样从属于现代宏大叙事的词句，毫无疑问地将自己与现代主义传统在精神上联系在了一起。他们不仅继续使用经典的现代主义设计策略，也同样在延续现代主义者的乐观与野心。在精神气质上，他们是典型的现代主义者。

　　然而，开放建筑两位创始人李虎与黄文菁必须面对的一个质疑是：现代主义者是否还是一个具有吸引力的称呼，他们所秉持的"改造世界"的现代主义信仰是否是一种可悲的幻象？从1966年以来，几乎每一本建筑理论的著作都会包含一段对现代主义的批评，无论是枯燥的城市环境还是对家庭主妇的奴役[12]。在今天仍然相信建筑师具有以个人设想改造社会这一庞大复杂机制的能力，是否是一种单纯的幼稚？或者是另一种"现代复兴"？

　　李虎的回答非常简单："为什么不天真一些呢？"这或许表明了开放建筑的态度，但是我们仍然需要回到歌华营地探索他们声称的"天真"态度的实质性内容。

适宜与社会工程师

　　为何歌华营地会在2012年获得多个奖项？它的优点在哪里？这个问题显然无法用几张建筑照片来解答。因为它最重要的品质只有在建筑中游历一番才能感受到，那就是整体性的适宜。对于这样一个体量，这样一种性质的建筑来说，建筑师在设计语汇的选择与节奏的控制上体现出高度的成熟。单独地看某一片段，经典的现代主义处理并不显得格外出众，但是当你身处建筑中，能够透过内院的玻璃幕墙同时感受到4种不同标高，4种主要材质的墙面处理，开放与封闭的间隔，以及时起时伏的梯段时，建筑朴素而活跃的充实感表露无遗。虽然环绕内院的长方形交通流线异常简单，但是走上一圈就会发现，没有任何一段会给人留下枯燥的感觉。开放与封闭、透明与厚实、起伏与平缓、高耸与横向延展，一段仅仅一百米的旅程，观赏者所经历的是10余个场景的转换，而经典语汇的统一使用则有效地避免了散乱的争夺。开放建筑以自己的方式诠释了"建筑漫步"的经典理念，以并不出奇的音符编织出一段优雅而愉悦的曲调，与营地作为儿童活动机构的特质极为适宜。

直觉性的观感还不足以揭示设计思想的内涵，我们还需要对歌华营地的适宜特征进行更深入的分析。对于当代建筑评论来说，适宜是一个并不怎么常见的概念，或许因为它过于古老而失去了新鲜感。这里所指的"适宜"是西方建筑理论传统中decorum概念的中文翻译。维特鲁威在《建筑十书》第一书中就已经提及decor的概念，而阿尔伯蒂从西塞罗（Cicero）的修辞理论中借用了这个概念来讨论绘画与建筑则奠定了它在现代建筑理论史中的重要地位，从15世纪到19世纪它都是西方建筑理论的主要理念之一。

适宜的概念本意并不难以理解，困难的是如何判断一个东西是否适宜。显然这需要根据某种基本性的原则或标准来进行判断，蒂姆·安斯蒂（Tim Anstey）指出，自塞利奥（Serlio）以后，西方建筑理论中普遍的观点是根据秩序与相似性来判断建筑是否适宜。最简单的两种方式，是模仿经典的建筑语言，以及建筑遵从既存的社会秩序，在规模、形态与装饰上不能超越所属的社会等级。在文艺复兴时代，显然前者的成分更多，而阿德里安·佛铁（Adrian Forty）指出，在17世纪，正是为了保护社会阶层的等级制度，适宜的概念得到更多的强调。这也解释了在法国大革命之后适宜概念的衰落，模仿过去风格的做法被最终抛弃，而社会等级制度的改变根本就超出了建筑所能控制的范围。在现代主义以及现代主义之后的阶段，适宜概念很难找到支持者，因为革命和反叛显然难以与秩序和模仿共存。

用适宜这个古老概念描述歌华营地的原因在于，这显然不是一个革命或反叛的建筑，它的适宜性来自于它与一个已经被广泛接受的传统的关联，当然这就是前面谈到的现代主义传统，而这一传统与歌华营地的用途与性质有密切的切合。即使像尼采（Nietzsche）这样的叛逆者也认同艺术传统有不可替代的重要性："荷马四分之三的作品是遵循传统习俗的；其他那些没有落入对新颖性的现代狂热之中的希腊艺术家也是如此。他们没有对传统习俗的恐惧；恰恰是通过传统他们与公众联系起来，因为传统习俗是已经获得的艺术手段，是辛苦获得的通用语言，通过它艺术家能真正让自己与观众的理解力之间相互交流。"[13]因此，尼采推崇的艺术创作方式之一是"带着锁链跳舞"，也就是在传统习俗的基础之上进行创作。显然尼采并不是传统卫道者，他所强调的是公众对于传统习俗已经有成熟的理解，能够迅速而顺畅地理解传统语言所传达的意义，从而让艺术品的价值获得认知。相反，那些"新颖的艺术品，尽管受到景仰，甚至是崇拜，但是很少被理解；费尽心机避免传统习俗意味着不想被理解。对待新颖性的当代狂热到底有何意义？"[14]与阿尔伯蒂引入修辞学的原因一样，尼采认同艺术品，包括建筑，需要向公众传达信息，对于尼采来说这是艺术品参与实践生活的重要方式，也是艺术品的真正价值所在。这一理论很好地揭示了适宜、传达、意义之间的关系。在歌华营地中，建筑吸纳了现代主义传统，而公众对待现代主义传统有成熟的理解，因此该传统的一些核心价值能够被迅速接受，而这些价值与营地的实践生活紧密切合，由此实现了适宜的目标。继续追问，具体的是哪些核心价值？主要的几点是开放、透明、清晰、灵活以及良好的通风与光线，这些都是现代主义体系相对于其他体系更有优势的，不管后者是古典、罗曼、哥特还是后现代、新理性主义或者是解构。新建筑五点、风格派平面、建构真实性、幕墙技术等经典现代主义手段所擅长营造的也正是这样的氛围。即使在早期，人们已经意识到现代主义语汇尤其适合疗养院以及学校等建筑类型，荷兰建筑师杨·杜伊克（Jan Duiker）的希尔弗瑟姆阳光疗养院（Hilversum Zonnestrall Sanatorium）以及阿姆斯特丹开放露天学校（Open-Air School）就是明证，前者直接启发了阿尔托（Aalto）的肺结核病疗养院，而后者与歌华营地以及开放建筑字面上的关联或许有更为内在的平行。对于歌华营地这样一个强调以多元、快乐、健康的活动让孩子们获得不同体验的非传统教育机构，现代主义通用语言的主要特征是非常恰当的修辞。在这一点上，而非对于传统秩序的盲目遵从上，歌华营地回归到阿尔伯蒂适宜概念的原初。

相对于"通用语言"的直接性来说，歌华营地在不容察觉的另外一点上与适宜概念被遗忘的另一面有所关联。蒂姆·安斯蒂指出，尽管自塞利奥之后，适宜概念被缩减为对传统风格的模仿以及既定社会秩序的遵守等两项规范性的原则，但是在西塞罗以及阿尔伯蒂那里，*decorum*实际上还有相反的一个层面。为了达到言辞令人信服的目的，"像西塞罗这样的演说家敏锐地意识到，在拥抱被人们所认同和期待的'适合'这一价值的同时，他们需要一些相反的东西为自己的演说添加调料——那就是出人意料"。[15]这也就意味着，除了遵循传统与秩序之外，还需要有突破传统与秩序的成分，而这也同样属于"适宜"的范畴，因为它所适应的是有效影响观众的最终目的，而非某种具体的中间手段，比如修辞传统或古典建筑语言。安斯蒂认为阿尔伯蒂在《论绘画》（*Della Pittura*）中对布鲁内列斯基（Brunelleschi）创新性与突破性的赞美显然与塞利奥之后的*decorum*观念不符，但却是阿尔伯蒂从西塞罗修辞学中引入的*decorum*观点的合理组成部分[16]。由此看来，"适宜"的理念中包含着在某种程度上相互对立的两方面，一是利用既存秩序与传统实现"意料之中"的信息传达，另一方面则是通过突破这一秩序与传统实现"出人意料"的特殊效果。两者的共同作用是艺术品能够为大众理解，同时具备新奇的吸引力，最终实现向大众传达某种特定讯息或价值的目标。遗憾的是，从塞利奥开始，西塞罗与阿尔伯蒂等人文主义者*decorum*理念中的微妙内容被漠视，适宜被僵化理解为单一的服从，成为简单的保守理念，进而在现代主义阶段日渐式微。

回到歌华营地，它从属于现代主义传统的一面已有讨论，那么是否也有突破传统的一面呢？虽然不易察觉，但这种突破与叛逆确实存在，可以说歌华营地更为完整地体现了适宜的理念。简单地说，在使用现代建筑语汇的同时，这个建筑反转了现代教育体系的空间结构。如果将歌华营地与一所典型的19世纪英国制度化小学的平面相比较，发现两者有惊人的拓扑相似性，同样有中心庭院，四周围绕教室与活动空间，中心是阶梯教室或者剧场（图11）。这很可能让人得出歌华营地在延续19世纪教育建筑的传统布局。然而，如果我们进行更深入的探索，就会发现两者的对立性实际上超越了相似性，他们分别代表了18世纪教育理论的两个对立阵营——卢梭（Rousseau）与爱尔维修（Helvétius）。在《爱弥儿》（*Emile*）一书中，卢梭精心构建了一个个体化的教育体系，因为认同人存在善良的天性，卢梭强调教育要根据每个人的特殊性进行设计。通过与自然的接触以及各种劳动和娱乐活动，让孩子的天性能够自由发展，成长为有完善人格的善良的人。不是每个人都能成为天才，但是每个人都能成为自己，这是卢梭教育体系的基本原则。显然，歌华营地的组织方式和日常活动与卢梭的体系更为接近。而爱尔维修以及随后的功利主义改革者均认为人生来就是白纸一张，不存在什么固定的天性，孩子成长为什么样完全依赖于教育，因此可以采用统一性的教育体系大规模地塑造具备合格素质的人。每个人都能成为天才，如果我们的教育体系足够完备的话，这是爱尔维修及其追随者的信仰。现代规模化教育体系显然更接近于爱尔维修的模式，它追求对学生全面的控制与灌输，而19世纪的英国制度化小学则是这一体系的典型建筑体现。在教室内每个学生都有固定的行列式座位，遵守严格的纪律

图11：英国教育委员会推荐小学设计
方案，1840（图片来源：Minutes of
the Committee of Council on Education,
1840）

〈图 11〉

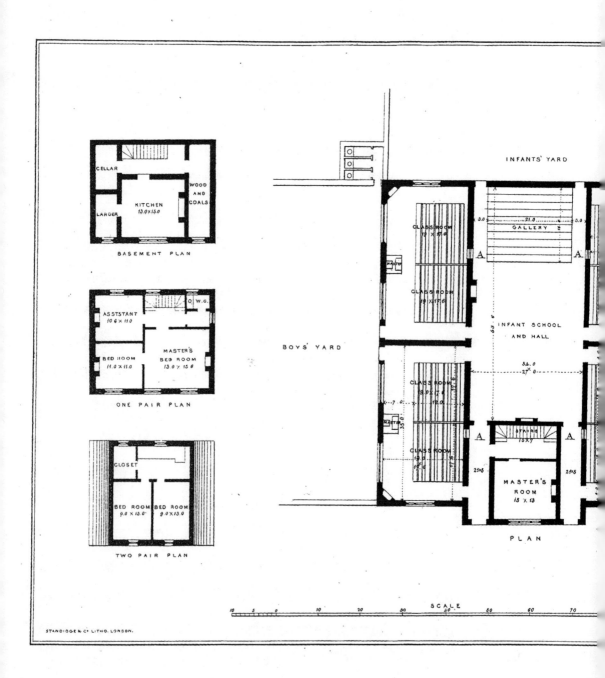

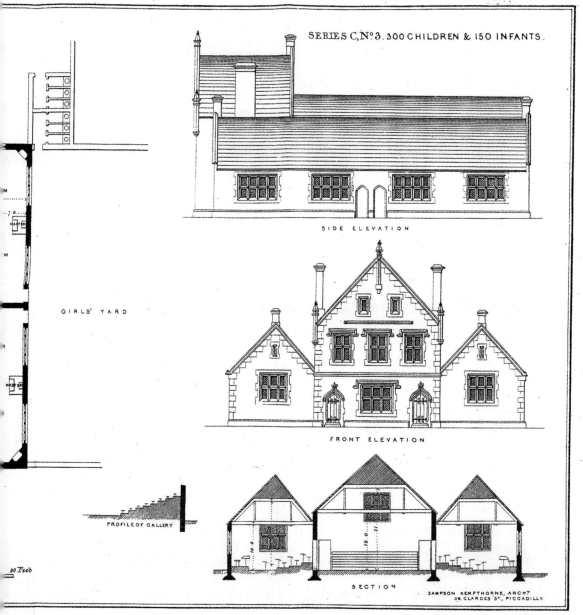

Committee of Council on Education.—Plans of School-houses. N.º 13.

SERIES C, N.º 3. 300 CHILDREN & 150 INFANTS.

SIDE ELEVATION

GIRLS' YARD

FRONT ELEVATION

PROFILE OF GALLERY

SECTION

SAMPSON KEMPTHORNE, ARCH.T
38, CLARGES S.T, PICCADILLY.

90 Feet

管制；大厅除了提供活动场地外还有利于校长随时监视各个教室中的情况；阶梯教室用于大量学生的同时教学，在主讲教师以外，同时也有数个辅助教师监视座椅上学生的一举一动[17]。只有考虑到这种教育哲学与管理体制上的差异，才能注意到歌华营地对传统教育体系的改造。风格派的墙体布局不再是为了抽象的空间流动，而是实实在在的开放的教育场所，内院不再用墙体与小窗围和以塑造监视者与被监视者在视线上的不均等，而是完全通透的玻璃幕墙。人站在内院实际上并不能很好地看到室内场景，而在开放教室中的学生却可以清晰地观察院内的景观与活动。观察的方向在这里得到反转，戏剧性地展现了卢梭与爱尔维修两大教育体系的争夺。剧场的使用仍然需要安静的秩序，但是也不会再有监视者与后续惩罚的恐吓，孩子们的自我更多展现在舞台表演上，而非固定的座椅上。尽管没有任何证据显示开放建筑有意于反转19世纪制度化小学的组织体系与权力结构，但是让营地成为"对正常学校教育所缺失部分的积极而有效的补充"这一叙述也明确展现出他们试图区别于传统教育体系的动机。就像底层架空的元素会不断在其作品中出现一样，对建筑社会功用的考虑已经进入开放建筑设计思想的潜意识当中。

现在我们可以用更为全面的眼光看到歌华营地的"适宜"特征。充分利用了现代主义传统的可识别性，歌华营地将开放、透明、清晰、灵活等经典价值传达给体验营地的成人与儿童。而通过对内院这种传统建筑模式的适度改造，营地为一种不同于传统教育体系的活动方式提供了建筑支持。这里既有遵循经典秩序的一面，也有突破秩序的一面，两者的并存所带来的不是冲突，而是适合于营地教育这一特殊社会活动的空间结构与价值传达。正是在这种更为本质的层面上，而非对现代主义传统的简单模仿上，歌华营地展现了适宜概念的内涵，一种更接近于西塞罗与阿尔伯蒂，而非塞利奥以及后来的复兴主义者的适宜理念。

无论遵从还是叛逆，适宜概念两方面都建立在对基础性的既存传统与秩序的肯定上，然后才是局部的修改与突破。这可能是适宜与革命的区别，颠覆性的推倒重来与重新开始显然不属于适宜的范畴。这种谨慎变革的态度，让适宜理念的支持者更接近于卡尔·波普（Karl Popper）所论及的"社会工程师"（social engineer），这也是另一个李虎经常提到，并且引为开放建筑核心立场的概念。这种"工程师与技术专家理性地讨论社会机构的问题，"波普写道，"将它视为达到某种目的的手段，技术专家完全根据适宜性、效率与简单性来评价这些手段。"[18]波普将社会工程师与历史主义者相对比有利于我们更清楚地理解前者的特征。在《开放社会及其敌人》（*Open Society and Its Enemies*）一书中波普所谈到的历史主义者（historicist）并非建筑史上那些复古主义者，而是指那些相信历史发展有某种确定的规律，必定按照某种顺序发展或者走向某种特定目标的人。他们认为"历史由特定的历史或者进化法则所控制，发现这些法则就会让我们预言人类的未来。"[19]两者的区别在于，历史主义根据某种抽象法则为历史预定了发展序列，并且根据该法则预言下一步的发展目标，进而推动整个社会朝着这一推导出的宏观目标前进，其中不惜牺牲那些并不认同这一目标或者是不利于实现这些目标的人与物。而社会工程师则抱有更为谨慎与保守的态度，发现历史规律或者预言宏观目标并不是他们的职责，他们所关注的是使用什么样的适宜方法实现一些局部的、明确的、已经得到广泛认同的目的。前文提到的查尔斯·詹克斯为中国建筑设定的路径，以及不断预言的后现代主义、新现代主义等历史序列就更接近于历史主义者，甚至是勒·柯布西耶等现代主义先驱宣称现代主义是时代发展的必然结果等言论也有强烈的历史主义特色。而与之相对的，勒·柯布西耶的具体作品，以及杨·杜伊克等较少"先知"特征的建筑师的工作则更接近于社会工程师的范畴，因为它们是在通过渐进的革新确实地解决实际问题，而非依赖于"历史洞见"煽动颠覆性革命。

从这一观点看来，歌华营地的确是典型的社会工程师的作品，它的谨慎、对传统的肯定、局部的革新、适宜的特征，以及对社会效用的关注都展现出工程师的冷静品质。而今天的历史主义者最常见的面孔是那些将新颖性视为第一要素，以越来越高的频率制造、扩散所谓新风格、新潮流或者是新时代的人。显然，"新取代旧"已经成为当代被最广泛接受的历史原则，这也是尼采不断论及"新颖性的现代狂热"的原因。歌华营地与现代主义传统的关系并不简单是建筑师个人喜好的展现，更重要的是揭示了开放建筑对待历史、对待建筑、对待社会的基本立场，而这种立场与态度的重要性远远超出了具体建筑语汇的选择。

李虎所谈到的天真，实际上是社会工程师的天真。之所以天真，是因为他们并不像历史主义者那样炫耀自己洞察历史发展规律的深邃以及重新创造新世界的野心，而是认为通过传统基础上的渐进变革能够帮助塑造一个更为美好的世界。实际上，社会工程师因为缺乏"预言"历史走向的能力，也就剥夺了自己论证"更为美好的世界"一定能够成功的能力，这也就使得他们的目标更多地依赖于一种信仰。没有历史主义的必然法则作为支撑，这种信仰不可避免地在某些人看来是天真的。只是在社会工程师看来，天真也许比狂热与盲目更为可取。

结语：未完成的现代主义

在他的名篇"Modernity-an incomplete project"（现代性，一个未完成的工程）中，哈贝马斯认为现代性工程起源于18世纪，启蒙哲学家们试图通过分别研究"客观科学、普遍道德与法则，以及独立自主的艺术"三个领域"内在逻辑"的方式积累专门化的知识，进而实现充实日常生活的目的[20]。而现代性的问题在于这种区分被绝对化了，切断了三者之间的联系，也切断了它们与日常生活的联系。因此，现代性仍然是未完成的任务，需要完成的是让三个领域，科学、伦理与艺术重新相互联系，重新与日常生活相互结合。

在这个观点下，人们需要做的不是彻底抛弃现代性，抛弃现代社会在科学、伦理、艺术等领域的成就，而是应该试图让这些成就与生活的价值与目的建立更为本质的联系。这个理由可以帮助我们理解现代主义传统在今天的价值。我们能够接受它不是因为它的科学理性，也不是它的道德正当性，或者是艺术语言的抽象独立性，而是因为它所擅于凸显的价值仍然是我们对近期美好生活想象中主要的构成成分，这些价值的强调仍然能够帮助我们改造现有的体制，使之更为符合我们对理想状态的期待。这也是理解歌华营地、理解开放建筑的现代主义特征的最根本的理由，我想也是他们受到肯定的根本理由。

对于那些认为现代主义已经过时，我们需要更为先进，更为前卫，更为符合时代精神的建筑模式的人，德国哲学家布鲁门伯格（Blumenberg）给出了深刻的解答。必然或者持续进步的观念并非现代性不可避免的结论，现代性只是强调通过人的自我肯定（self assertion）与努力有可能获得进步，它所强调的是"未来是当下行动的结果，而这些行动是基于理解当下的现实所实现的"[21]。这并不意味着每个时代都必然前进，过去的东西必然被新的东西取代。必然或者持续进步的观念实际上来源于古老基督教传统的延续，为了给予历史一个整体性的解释，很多人用"无限的持续进步"来替代末世的观念，从而给予"先知"们预测未来的能力，而原本的现代进步的观念由此被绑架，用于回答一个本不该它回答的问题，完成一个本不该它完成的任务。由此看来，那些不断鼓吹新时代、新建筑，倡导抛弃过往传统的人看似激进，实际上却是追随着一个极为古老而陈旧的观念，从某种程度上来说他们比仍然接受现代主义传统的人更为保守。

显然，布鲁门伯格的进步观念与卡尔·波普的社会工程师的概念相互切合，现代社会的真正进步是社会工程师这样的人在现实条件的理解之上，审慎地选择适宜的手段，去追寻切实的改进，而非根据"历史必然进步"的宏大叙事而不断制造一股又一股的潮流。"彼时彼地。建筑上的现代主义精神诞生并得到发展。此时此地。绝大多数建筑师，没有也不理解这种精神的存在，在他们眼里，现代仅仅意味着追随潮流，那些潮流和我们时代真正的需求并没有什么太大的关系。"[22]李虎的这段话昭显了开放建筑对待这一分歧的基本态度。

或许这才是歌华营地给予我们最重要的启示。与其在转瞬即逝的浪花之间跳跃，我们更需要稳健地航行。放弃历史主义者对"新颖性的狂热"才能让社会工程师完成尚未完成的任务。当然，这并不意味着完成现代性的工程就只有现代主义才能胜任，歌华营地的成功仅仅在于现代主义传统适宜于这一个项目，而在其他的项目中，或许有其他的传统更为恰当。除了开放建筑以外，还有很多中国建筑师在各自认同的传统中工作，用"已经获得的通用语言"以及审慎改造让传统所承载的建筑价值进入我们对更美好生活的建构之中。对于他们的工作，显然不能用风格演进的时代序列来进行评价，"历史主义的贫困"已经为这个时代塑造了太多怪异而空洞的建筑[23]，是时候抛弃这个已经左右我们许久的神话，以更为开放的眼光审视社会工程师们的作品。如果说奖项能够部分体现一个区域建筑文化的价值趋向的话，那么在21世纪初一座从属于"古老"的现代主义传统的建筑在中国建筑界得到肯定，不是暴露出如詹克斯所说的落后或者无知，而是展现了属于今天的平和与成熟。

坐在歌华营地洒满阳光的台阶上观察孩子们在建筑中穿梭游戏，或许那些体验过这座"现代主义"建筑的人都会像我一样，认为1966年的希区柯克并没有犯错，他那优美的比喻虽不耀目却耐人寻味。在经过了近50年的纷扰之后，开放建筑以及其他那些沉着和自信的建筑师还在用他们的作品默默地宣示——现代建筑的河流依然蜿蜒。

（原载于《建筑师》第163期，2013年6月，在本书中有所改动）

注释

1 HITCHCOCK and JOHNSON. The International Style [M]. Norton, 1966: 24.

2 前者见ROSSI. The architecture of the city [M]. American ed. Cambridge, Mass.; London: Published by [i.e. for] the Graham Foundation for Advanced Studies in the Fine Arts and the Institute for Architecture and Urban Studies by MIT, 1982: 46. 后者见VENTURI and MUSEUM OF MODERN ART (NEW YORK N.Y.). Complexity and contradiction in architecture [M]. New York: Museum of Modern Art, 1966: 16.

3 JENCKS. What is post-modernism? [M]. 3rd ed. London: Academy Editions, 1989: 58.

4 MALLGRAVE and GOODMAN. An Introduction to Architectural Theory: 1968 to the Present [M]. Malden, MA: Wiley-Blackwell, 2011, 2011: 193.

5 SYKES. Constructing a new agenda: architectural theory 1993–2009 [M]. 1st ed. New York: Princeton Architectural Press, 2010: 199-202.

6 LOOS. Spoken into the void: collected essays 1897-1900 [M]. Cambridge, Mass.; London: Published for the Graham Foundation for Advanced Studies in the Fine Arts and The Institute for Architecture and Urban Studies by MIT Press, 1982: 24.

7 塑性声学的概念是勒·柯布西耶战后建筑的重要特征之一，见CORBUSIER. Ineffable Space [C]//Ockman and Eigen. Architecture Culture 1943-1968: A Documentary Anthology. New York; Rizzoli. 1993.

8 CORBUSIER. Precisions on the present state of architecture and city planning: with an American prologue, a Brazilian corollary followed by the temperature of Paris and the atmosphere of Moscow [M]. Cambridge, Mass.: MIT Press, 1991.

9 ZUMTHOR. Thinking architecture [M]. 2nd ed. Basel ; Boston: Birkhäuser, 2006: 7.

10 WATKIN. Morality and Architecture Revisited [M]. Chicago: University of Chicago Press, 2001: 7.

11 CORBUSIER and ETCHELLS. Towards a New Architecture [M]. Oxford: Architectural Press, 1987: 289.

12 前者见JACOBS. The Death and Life of Great American Cities [M]. London, 1962.后者见BLAKE. Form follows fiasco: why modern architecture hasn't worked [M]. Boston [Mass]: Little, Brown, 1977.

13 引自YOUNG. Nietzsche's philosophy of art [M]. Cambridge: Cambridge University Press, 1992: 86.

14 同上.

15 ANSTEY. The dangers of decorum [J]. Architectural Research Quarterly, 2006, 10 (2): 133.

16 同上: 134.

17 关于卢梭以爱尔维修教育理论的差异，以及19世纪英国制度化小学建筑的讨论见FENG. Utilitarianism, Reform and Architecture: Ediburgn as Exemplar [D]. Edinburgh; University of Edinburgh, 2009: Chapter6、7.

18 POPPER. The Open Society and its Enemies. Vol 1, The Spell of Plato [M]. 5th rev. ed.: Routledge, 2005: 22.

19 同上: 4.

20 FOSTER. Postmodern Culture [M]. London: Pluto, 1985: 9.

21 BLUMENBERG. The Legitimacy of the Modern Age [M]. Cambridge, Mass London: MIT, 1983: 34.

22 李虎. 迟到的现代主义 [J]. 新观察, 2011, 12: 4.

23 在《历史主义的贫困》一书中，卡尔·波普全面批驳了历史主义观念，见POPPER. The poverty of historicism [M]. 2nd ed. London: Routledge, 2002.

体制内的变革者：OPEN／北京四中房山校区

似与不似

可能是因为在学校里讲授"外国近现代建筑史纲"的缘故，在OPEN的作品中常常能体验到一种似曾相识的亲切感。这来源于OPEN对一些经典现代主义理念及语汇的使用，这种联系可以追溯到李虎在大学时代所接受的勒·柯布西耶的启蒙，至今仍然渗透在这个设计机构的理想主义宣言之中[1]。没有人会否认现代主义传统对中国当代建筑师的持续影响，但很少有人像OPEN这样明目张胆地在言语和行动上将自己标注为这一百年传统的继承者。

新近完成的北京四中房山校区再一次印证了OPEN的现代主义特征。如果你对现代建筑史感兴趣，那么在这座建筑中可以玩一次"找相似"或"找不同"的游戏。而游戏的高潮，"似"与"不似"相互交错的节点之一，是建筑东北翼跨越一二层的阶梯教室。从北面校门进入，面对着勉强能算作立面的复杂场景（没有传统意义的主立面是OPEN很多作品的特征之一），很难忽视左下角那道清晰的斜线（图1）。在校园建筑中这样的斜线明白无误地表明了阶梯式讲堂的存在，詹姆

〈图1〉

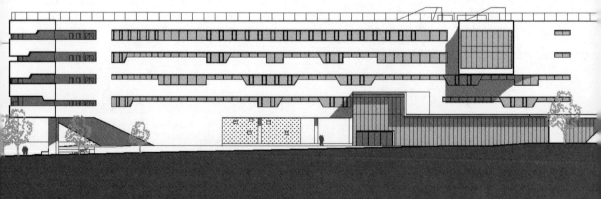

斯·斯特林早期的教学楼设计与莱切斯特大学工程系大楼项目对这种语汇给予了经典阐释，而再往上我们甚至可以追溯到康斯坦丁·美尔尼科夫于1928年完成的鲁萨科夫工人俱乐部[2]，台阶升起的斜面主导了形态的构成，很难找到比这更好的功能主义例证。

在这里提及遥远的苏俄构成主义并非咬文嚼字，去看看四中校区随处裸露的结构、肆意夸张的悬挑、刻意渲染的动态形体，以及质朴直白的材料处理，"构成主义"会是一个自然而然的联想。这种关联，在阶梯教室内部有另外一种更富有戏剧性的表达。厚重封闭的围和、两侧狭小的窗洞，斜向的洞口处理，勒·柯布西耶朗香教堂的影子在眼前浮现出来。在OPEN的作品中，"勒·柯布西耶的影响随处都是"[3]，以至于我们甚至不需要专门提及它们与这些先驱的必然关联。但是，在这个"相似"的房间中，"不似"的东西才是最有趣的，那就是左上角的那扇窗户。朗香教堂圣坛背后的厚重墙面上有一扇方窗，在窗洞中放置着一尊圣母的木制雕像。充沛的光线从窗洞中涌入，与墙体的灰暗形成强烈的冲突，圣母的雕像在光芒中化为一个若隐若现的轮廓。这毫无疑问是宗教建筑史上最伟大的场景之一，光的神圣与圣母的身影是对宗教情感最完美的诠释。仅此一点，我们就能分辨出一个不同于纯粹主义时代的，有着更热烈叙事意图的勒·柯布西耶[4]。似的，房山校区阶梯教室的讲台上方也有一扇大面积的方窗，同样以强烈的光线彰显着自身的特殊性。不同之处在于，在朗香的窗户中，人们看到圣母，从而联想到作为隐喻的光的神圣；在阶梯教室，透过窗户，我们看到的是两道粗壮的钢柱，它们是支撑南侧出挑楼体的钢结构。但是从窗户看出去，两段钢柱的片段仿佛组成了一个构成主义雕塑，替代了勒·柯布西耶留给宗教、留给超然存在（transcendence）的位置（图2）。

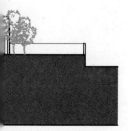

这或许仅仅是一个偶然，却符合我们对OPEN事务所个性的解读。尽管承认自己是勒·柯布西耶的信徒，但是勒·柯布西耶特有的形而上学气质，以及

〈图2〉

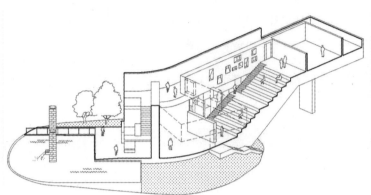 

后期对意义表达、纪念性、崇高感的探索都并未被实证主义的OPEN所接受，他们一直坚持常识、现实、清晰的分析与明确的理念，这种基因塑造了OPEN的气质，也奠定了他们的作品获得肯定或批判的基础，就像实证主义本身所遭受过的一样。

　　从阶梯教室的例子看来，房山校区无疑在众多细节上给予我们足够的空间探索"似"与"不似"的微妙关系。但不应忘记，在OPEN的信条中，含混、暧昧或是欲言又止远远不如理念的清晰和明确有力。这提醒我们不应被这所建筑丰富的细部过多吸引，而忽视了它最核心的驱动理念——制度下的田园。

制度下的田园

　　田园学校，这是OPEN参与房山校区设计竞赛时提出的理念，而最终完成的校舍与竞赛方案并无二致。作为另一个似曾相识的概念，田园学校当然让我们想起霍华德的田园城市。只是在今天，田园与自然的概念已经被很多人滥用，仿佛只要沾点绿色技术，多种点植物，什么样的建筑都可以善良先进起来，进而掩盖甚至是压制了其他建筑价值的存在。因此，田园与自然的概念同样需要特别的检视。

公平地说，像装饰一样附加田园与自然元素的做法本身并没有问题，不足的地方在于我们有着更高的期待，希望这些元素能够更深切地改善我们的生活方式。这也是霍华德当年真正的雄心所在，他想要的实际上是"田园社会"，一种在可控规模下分散式农业与工业生产与田园生活环境构成的新的生活方式[5]。只是如同其他乌托邦主义者一样，霍华德的梦想被简化为城市+花园，而整个改造生产、改造社会、改造生存方式的理想均被抛之脑后。

同样的梦想与风险也蕴含在田园学校的概念中，OPEN有什么样的设想来塑造一个不同的田园学校？这些设想最终会成为空想还是能够得以实现？这才是这个项目最需要关注的悬疑。

首先，在学校的总体结构上，OPEN选择了模拟植物根系的主干+分支的体系，南北向的主干作为主要的交通联系，大致东西向的分支中容纳各个班级的教室以及实验室等房间（图3）。这种布局在结构上是校园建筑的常规布局，OPEN的革新在于通过局部的扭转将自然根系的偶然性引入原本僵硬的正交体系，从而带来形态上的变化与活跃。必须承认，在象征性背后，根茎体系的确与学校建筑的机能运转有很强的对应。如果将人流视为根茎中流传的养分，那么这种布局的交通效率就可以得到保证。根茎分支的延伸方式也与最大程度、最有效率地获得周边土壤中的养分有关，这也与在有限的场地内为各个教室提供最充分的光照和通风同理。各个翼楼适度的偏转也能够与场地布局以及功能分布的围和（如北部入口广场的围和）建立联系，这同样也是自然生长的因地制宜不同于纯粹几何秩序的地方。一种朴实的"仿生学"设计，却能够相当程度地改变传统校园建筑僵化的面貌，这无疑是房山校区最成功的策略之一。

在剖面上，田园学校的理念体现得更为直接。从OPEN竞赛时提出的图解可以看出，最下方是起伏的"园"，中间是整体的学校建筑体量，屋面上则是覆土而成的"田"（图4）。很显然，这是勒·柯布西耶"新建筑五点"的变形，也是OPEN

〈图3〉

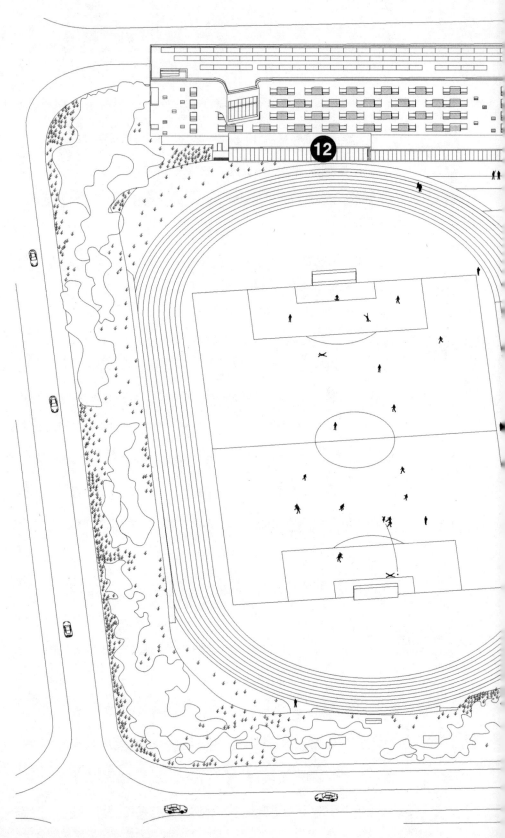

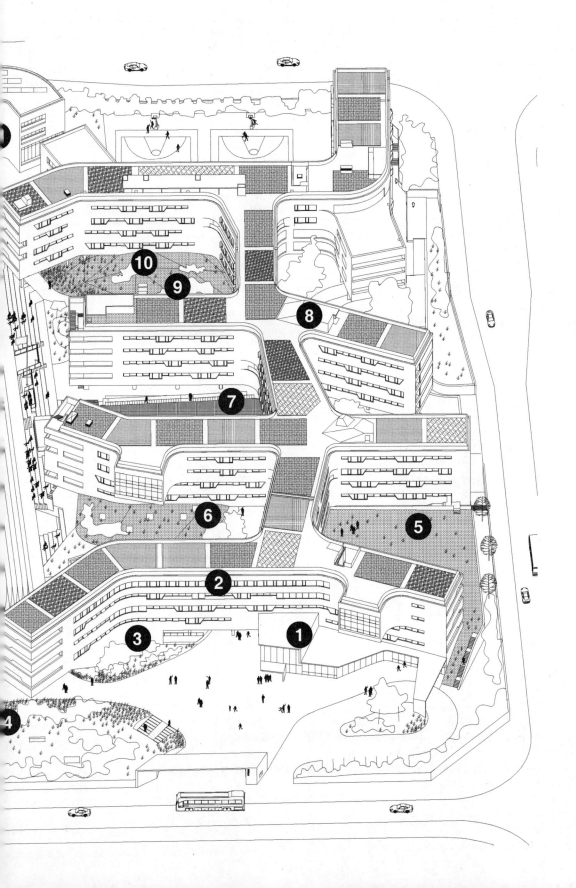

作品中频繁出现的主题。不同的是，在房山校区，OPEN将底层架空的潜力拓展到了一个新的程度。传统现代主义者往往将注意力集中在*Pilotis*之上的纯粹几何体，却忽视了下几何体之下所蕴藏的自由。正是这种自由，使得OPEN能够在平地之上凭空垒起了几座小山，然后将礼堂、体育馆、食堂等大尺度的房间放置在山丘之下。站在操场东边远观，整个楼体仿佛建造在山地之上，四面灰白山墙强硬的几何个性与下方起伏的黑褐色台阶形成强烈的反差（图5）。这种对比隐约令人想起阿尔瓦罗·西扎的波尔图建筑学院，同样是几面长方形的山墙矗立在坡地之上，只不过西扎的白墙所讲述的是静默的纪念性，而OPEN所展示的是强有力的控制与塑造。

虽然这些小丘上也覆土种植了草皮与植被，但要将它们联想成"园"仍然是过于勉强的。这里真正的价值显然不在于"园景"或"园艺"，而是园中的活动，一种更为灵活、更为自由、更为独立、更为多变的活动模式。OPEN的竞标文件中的一张图片很好地诠释了这种另类场所的定位与价值（图6）。上部的建筑主体虽然容纳了根茎体系的局部偶然性，但整个管理与运行仍然受到严格制度体系的约束。这是自启蒙运动以来，大规模批量教育体系的组织基石，也造就学校、医院、监狱等制度化建筑的强烈趋同[6]。在制度之"下"，建筑师显然对几座山丘寄予厚望，它们所承载的是与制度近乎相反的一系列价值与特征。在这种情况下，底层架空所创造的不再是一块空场地，而是整个建筑的"另一半"。

两种相反的体系，制度与田园的并置，是房山校区不同于经典现代主义的地方，它更符合格雷格·林（Greg Lynn）所提倡的夹层蛋糕的模式[7]，将不同的内容并置在一块，也可能会产生甜蜜的后果。这也是库哈斯所阐述的曼哈顿摩天楼的神奇与荒诞[8]。或许在曼哈顿的生活经历有助于解释OPEN的这种并置策略的反复运用。

〈图4〉

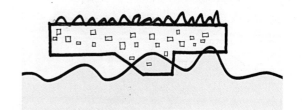

变革与现实

在今天的民用建筑体系中，中小学建筑是受到最严格条规约束的建筑类型之一。北京四中房山校区值得关注的一点是在如此严格地管制之下，建筑师仍然能够辗转腾挪。虽然我们可以辨识出这里与那里的相似，但就像一篇新文章并不需要新造所有词汇，当这些元素结合在一起，我们获得的仍然是一种全新的校园体验。

OPEN打算将这种模式在其他校园设计中批量复制，这透露出他们并不试图掩盖的野心：以建筑的方式推动变革。"寻找回建筑的力量，建筑本身可以带来的一些变革的力量，一种通过创新带来变革的可能性，是可以影响未来的一种希望。"[9]李虎对OPEN最新的解读，也是对开放建筑宣言里"我们仍然相信变革的力量"的再一次重申。在房山校区，建筑充满自信与力量的姿态，与业主——北京四中——的自我认同相互切合。这所全国著名的中学历来被视为教育变革的领导者。在开学前的现场访问中，我们在食堂碰到了四中的校长，在偶遇的5分钟里，校长完成了一次简短的演讲，他引用四中一位普通教师的话来阐明：知识的传达并不是这所学校最重视的，真正重要的是人。从他肯定而急促的语调可以听出，校长对于变革者引领者的身份是多么引以为傲。不难想象，当一个渴望变革的建筑师遭遇到一个同样渴望变革的业主，要么是喜剧，要么是悲剧。好在，房山校区属于前者，据说理科出生的校长对于建筑往往有特别的热爱，而四中校长曾经

〈图 5〉

〈图6〉

是一名杰出的物理教师。

　　不过，我们不能简单地将理想主义者的言辞等同于现实。同样是在偶遇校长的食堂中，前来就餐的孩子们仍然需要排着军训式的队列，在带队班干部的号令下统一行动，严肃而冷峻。而谈及建筑自身，不止一位校园管理者笑着指出，这种非常规的设计将为学校管理提出巨大的挑战。最大的威胁是：如何防止学生恋爱？根茎与田园创造出大量难以监控的角落，学生的自由与制度的严密之间显然无法简单地和谐共处。

　　因此，我们不能简单地将房山校区称为变革的起点，它或许可以被称为一颗种子，蕴含着某种潜在的目的与实现的可能。但最终是否能够实现，往往超出了建筑师，或者是校长的控制。这也不是一个简单的现实压制了变革者的黑白分明的故事。变革的前提是找到问题的所在，并且能够提出合理的解决办法。但如果从一开始问题就找错了，那么解决方案可能会雪上加霜。从赫尔德到海德格尔，这样的提醒不断告诫我们不应对科学化的理性、对实证分析、数据计算过于信赖，对那些以此为基础的变革方案也应该保持警惕。因此，同样的提醒也适用于OPEN。并非每一个好的意图都能带来完美的结果[10]，房山校区为了给教室更大的通透性而将沿走廊的一部分墙体设置为透明的玻璃，但这同样会受到那些担心学生们谈恋爱的管理者的欢迎。这种监视功能应该不是建筑师的初衷，但现实的压力在于，它永远比我们所想象的更为复杂和难以预测。

结语：体制内外

　　"体制"一词在近来的语境中变得极为重要，体制内外不仅意味着不同的工作方式、不同的收入分配、不同的职业发展、乃至于不同的价值偏好。体制外固然自由独立，却往往受到资源与机会的限制，体制内能够获得更多的背景支持，但是需要付出受到操控的代价。这两者之间，OPEN更倾向于后者。他们完成了很多体制内的项目，与政府、与地产商都建立了良好的合作关系。这也能让我们理解，他们为什么定义自己是"变革者"，而非"革命者"或者是"批判者"。在当代建筑发展中，后两者曾经在解构与形式自主的浪潮中找到契合点，但热忱散退之后，所剩下的仅仅是被现实所抛弃的自我边缘化。"理论先锋们被自身坚决的批判性剥夺了行动能力"[11]，而库哈斯这样的现实主义者则通过与全球最强大的体制性力量的合作，反而树立起自己变革者的形象。"入世"还是"出世"，并非中国古代知识分子所独有的困惑。

　　OPEN在今天所获得的日益增长的关注，与库哈斯的成功有相似之处，他们也面对着同样的风险。后者的CCTV大楼也曾经宣扬开放、平等、效率、公共利益等价值诉求，但一场大火改变了一切，绝大部分变革的承诺化为泡影。而另一位风生水起的现实主义者，扎哈·哈迪德则因为卡塔尔世界杯体育场项目中建筑工人们所面对的恶劣条件而遭遇伦理危机。可以预见，房山校区也面对着这样的现实挑战，我们不知道屋顶的农田能否保持耕种，地面的覆土山丘能否经受得住防水的考验，那些不受监视的角落是否会被装上摄像头，建筑师刻意设计的众多出口是否会被封闭……

　　然而这并不仅是OPEN所面对的困难。建筑从来就是与权力和资本紧密勾连的行业，从维特鲁威对奥古斯都的谄媚，阿尔伯蒂对贵族美德的赞美，到特拉尼对帝国的憧憬，乃至超明星建筑师在中国的奇观竞技，在职业上依附于权利与资本的建筑师的确很难再对它们横眉冷对。所以库哈斯声称"建筑不能是批判的"，而艾森曼则满足于纸上的概念建筑（conceptual architecture），将建成的作品仅仅视为附属的建造模型（built model）[12]。因此，很少有建筑师能够摆脱权力、资本与体制的沾染，区别在于有的人能默不作声，或是顾左右而言他，而有的人则不愿回避，还试图改变些什么。

耐人寻味的是，"体制变革"这个从中国体制内权力中枢不断发出的呼吁，竟然在一个体制外的独立建筑师事务所里找到最热切的迎合。这种迎合的基础不在于体制内外的身份，而在于对控制、对规划、对总体设计的信赖。这实际上是整个现代管制体系建立的基础，也是自布鲁内列斯基以来建筑师赋予自己的权力。从功利主义者到维也纳学派，很多实证主义者认为总体设计的理性控制能够重建语言、道德、知识，甚至是真理。而这两个陌生名词也并不遥远，北京四中所从属的集成教育体制就源于功利主义者在18世纪开始的推动[13]，而维也纳学派在汉内斯·迈耶领导下的包豪斯获得热烈欢迎，为最坚定的功能主义立场提供支持[14]。学校与现代主义，从这个角度看来，OPEN与启蒙以来现代传统的血缘远比我们所看到的更为深厚。

在房山校区，OPEN试图将这种信仰与控制扩展到对教育体系的影响中，"体制内的变革者"或许能很好地描述他们的角色。但是，他们并非唯一的参与者，当周边的房价水涨船高，当家长们为招生政策夜不能寐，当高考制度年年修订，整个故事的发展变得扑朔迷离。理想主义者、现实主义者、投机者、寻租者、掌权者以及沉默的大多数都将扮演他们的角色。因此，这篇文章注定无法合理地结尾，我们只能等到3年后、6年后、甚至是更长的时间来检验，"体制内的变革者"所承诺的"田园学校"究竟是成了坚硬现实还是善意点缀。

作为一名年幼孩子的父亲，我有充分的耐心与兴趣来等待这个结果。

（原载于《时代建筑》第140期，2014年6月，在本书中有所改动）

注释

1 参见O.P.E.N. 开放建筑宣言.

2 参见威廉J·R·柯蒂斯. 20世纪世界建筑史 [M]. 北京: 20世纪世界建筑史, 2011.

3 引自李虎介绍房山校区的谈话，2014年8月18日.

4 关于勒·柯布西耶后期作品与叙事的关系，参见MAAK. Le Corbusier: The Architect on the Beach [M]. Hirmer, 2011.

5 HOWARD. Garden Cities of Tomorrow [M]. London: Faber & Faber, 1965.

6 关于制度与建筑关系的讨论很多，典型范例之一是EVANS. The Fabrication of Virtue: English Prison Architecture, 1750-1840 [M]. Cambridge: Cambridge University Press, 1982.

7 LYNN. Architectural Curvilinearity: The Folded, the Pliant, and the Supple [J]. Architectural Design, 1993, 63.

8 参见KOOLHAAS. Delirious New York: a retroactive manifesto for Manhattan [M]. New ed. New York: Monacelli Press, 1994.

9 引自李虎在2014年度GQ年度建筑师奖颁奖仪式的发言稿，未发表文稿.

10 关于这一论题的典型讨论，见ROWE. The architecture of good intentions: towards a possible retrospect [M]. London: Academy Editions, 1994.

11 SPEAKS. Design Intelligence [C]//Sykes. Constructing a new agenda: architectural theory 1993-2009. Princeton; Princeton Architectural Press. 2010.

12 ANSARI. Interview: Peter eisenman [J/OL] 2013, http://www.architectural-review.com/comment-and-opinion/interview-peter-eisenman/8646893.article.

13 FENG. Utilitarianism, Reform and Architecture: Ediburgn as Exemplar [D]. Edinburgh; University of Edinburgh, 2009: 215-282.

14 CALISON. Aufbau/Bauhaus: Logical Positivism and Architectural Modernism [J]. Critical Inquiry, 1990, (16).

理论与实践的碰撞

黄文菁

对我和李虎来说，"建筑创作这个艰苦的工作，是一个潜意识和自然而然的过程。当一定要把这个过程用文字表达、固化的时候，我发现这是一个相当难以实现的任务……这个反思的过程，在持续不断的设计工作压力干扰下，在独立安静思考和与若干友人同事讨论中，前后持续了一年的时间，也是一个思维在跳跃式的模糊中逐步清晰的过程。"而青锋就是这"若干友人"中很重要的一位。我们在各自工作或者教书的角色上都忙得不可开交，偶尔交集在一起讨论建筑和历史，观点不尽相同，却总是颇有收获。

作为一位研究建筑历史和理论的学者，毋庸置疑，青锋跟我们看问题和思考问题的角度与方式非常不同，这在他为OPEN的第一本书《OPEN Reactions/应力》所作的《由曼哈顿回到北京的启蒙建造者》一文中能很明显地看出来。青锋带着明显的西方正统教育体系训练出来的博士和学者的气质，他几乎是本能地会把眼前的现象与历史的蛛丝马迹建立起关

联，然后理性地加以梳理和分析，试图建立事物之间的脉络，并予以分类和定义。OPEN的实践尺度跨度很大，无固定的形式风格，而项目类型丰富又常常承载复杂的功能。我们身在其中，自己时常会有千头万绪的感觉。青锋的理性帮助我们梳理出一些相对清晰的线索。他在文中提到的4个方面：公共领域；机构重塑；标准化的丰富性；偶然的潜能，概括了我们工作中很重要的一些部分，有些是我们自己非常有意识坚持在做的，比如建筑和城市空间的公共性；再比如对原型的浓厚兴趣及探索。但有些是我们之前无意识地却自然而然在做的，例如他说的"机构重塑"。经由他的视角，确实发现我们一直在努力地用自己的工具——建筑设计，来打破人们对公共机构的固有成见，激发出任务书的拟定者和建筑的使用者从未意识到的、机构在服务于公众方面的更多可能性。他从我们的实践和作品中看到了我们自己还未曾意识到的潜能，也让我们得以抽身出来借另一个角度，从更宏观的背景里观察自己的实

践与这个时代的关系，与历史的关系，包括与现代主义传统的关系。

当然与此同时，与清晰的脉络和定义相矛盾的，是我们自己潜意识里拒绝被定义、实践中仍在不断尝试和探索新方向的开放状态。我们之前未曾想到自己会和18世纪初的启蒙理想发生关联，"启蒙建造者"的称呼也让我们有些惴惴不安——既不愿意被贴上标签，也恐怕还不足以撑起这个标签的内涵，虽然我们对启蒙的理想有很多共鸣。设计和生活一样，有非常多的偶然性和因地制宜或者顺势而为。就像我们从纽约搬回北京，原因不是青锋猜想的，抱着对危险的藐视和热爱来趟这浑水，真实的生活哪有那么潇洒！最直接的原因还是年迈的父母生病了，我们需要回到他们的身边。至于"北京的复杂和幕后力量的操作"也不是我们这样非官二代和富二代的职业建筑师能够左右的，甚至都从来不在我们思考问题的维度之中。但我们有幸因为职业和生活的轨迹，被卷入了这场快速的、超大尺度的中国现代化和城市化的进程中。我们有的，也是青锋观察到的，是除了具体的能力与知识之外，对一个更美好的社会、更美好的未来的信念，以及为之不懈努力的勇气和坚持。

青锋用他锋利的文字，把我们的实践切出一个剖面展开来看，虽然因为还有很多地方没有剖到，所以不见得完全准确，但足以帮我们从纷繁复杂中理出一些明晰的线索。借着这些线索，我们继续对建造工作进行思考，并校正前行的方向。这大概就是理论与实践相碰撞所产生的积极意义。

尽管有着新的材料与新的技术，有城市的生长与死亡，

有突破前沿以及新边沿的设定，巩固与消亡，

狂喜与挫败，或者是征服太空与森林的死亡，

建筑的本质从未改变过。

——阿尔瓦罗·西扎

境物之间：评大舍建筑设计策略的演化

　　"即境即物，即物即境"，这是大舍为他们在北京哥伦比亚大学建筑研究中心举办的X-微展所起的名字。"即"意为接近，境是指"一个空间及其氛围的存在"，而物是指"建筑的实体"[1]。从题目中不难读出，大舍将自己的建筑历程定义为对"境"与"物"这两个建筑本体主要构成元素的探寻。它像一个不断接近的过程，却因为目标与路径的迷惑而产生曲折与跌宕。这种情节也暗藏在这个命名中："即境即物，即物即境"，词序的转换在这里有着特别的含义，它用一种简单而分明的方式体现出大舍在"境物"之间的权衡与选择。如果说大舍早先的设计策略更倾向于"境"的营造，那么他们近期作品中的一个新动向是"物"的构筑开始占据更重要的位置。这种变化戏剧性地体现在龙美术馆与大舍之前作品的强烈差异之上，在设计策略与建筑语汇背后，所隐含的是建筑师对于建筑本源价值与实现手段的不同思考。本文试图分析这种转化的基本内涵，并且尝试使用从"空间范式"转向"物"的理论框架来加以解释，进而讨论"物"的概念对于建筑实践的价值。

三部曲

　　并非每一个建筑师都会认为有必要对自己过往的设计理念进行梳理与概括。很多人认为理论化的概念会约束甚至扼杀实践的复杂性与偶然性，进而抵抗整体性的分析与整理。而愿意这样做的人无疑对理念有更强的敏感与信任，并且乐于通过理论反省寻找实践的道路。大舍建筑的两位合伙人显然属于后者。在2013年底于北京哥伦比亚大学建筑研究中心举办的X-微展以及随后的X-会议上，柳亦春与陈屹峰对大舍12年来的历程做了清晰的剖析与分解。在他们看来，这12年的演进可以分为三段：第一是2001～2002年，大舍的初创期，事务所设计的核心关注是项目功能性元素的安排，通过对既有功能要求的重组与拓展突破传统模式的桎梧，代表性项目是东莞理工学院；第二是2003～2010年，大舍逐渐建立特有的建筑语法，通过空间限定元素与组织方式的提取与转化，塑造以江南地区为原型的空间模式与几何关系，代表性项目是夏雨幼儿园；第三是2010年至今，大舍开始更多地关注建筑物质层面的内容，通过结构、材料、表意形态等物质化手段拓展意义获取的可能性，代表性项目则是即将竣工的龙美术馆[2]。

对于绝大多数观察者来说，大舍为人熟知并得到肯定的是他们第二阶段的一些主要作品，对第一与第三阶段则较为陌生。但如果在单个作品之外，同样关注建筑师思想与方法的转变，那么大舍的"三部曲"作为一个整体无疑构成了一个有趣的故事。陈、柳两位建筑师对这一转变的历程有充分的自觉与关注，因此才会以"即境即物，即物即境"这种含蓄的方式来表达第二与第三阶段之间的联系与差异。在这里，我们有必要对大舍"三部曲"做一下更为深入的分析。

首先是大舍初创的第一阶段。大舍将这一时期的主要策略描述为"使用的安排"，也就是通过对建筑主要使用功能进行梳理、分解、整合，形成建筑作品的核心组织结构，从而确定建筑的根本形态。最能够代表这种策略的是三联宅与东莞理工学院文科楼。在三联宅中三位业主密切的私人关系造就了一体化公共空间的必要性。因此，3个单元的一层形成连贯的整体，成为供三位业主共同使用的工作室兼客厅、厨房餐厅以及庭院。在二层，建筑分解为3个并列的住宅单元，服务于三位业主的私密生活（图1）。尽管只是一个小建筑，三联宅实际上采用了现代主义传统中经典的公共区域在下、单元性私人房间在上的功能组织模式，在瑞士学生公寓、拉图雷特修道院等项目中屡见不鲜。新建筑五点中的底层架空所体现的也是这种模式，底层立柱提供了最少的阻断与切割，使地面能够更好地支持开放的公共活动。三联宅的一层平面明确地展现出底层架空的组织逻辑，大量独立立柱，而非墙体，将二层架起，达成了底层的开放贯通。

同属于这一阶段的东莞理工学院文科楼体现出更为强烈的现代主义特征，一

〈图 1〉

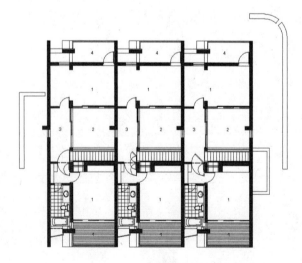

1 工作室兼客厅 / Living room　2 厨房 / Kitchen　3 餐厅 / Dining room　4 庭院 / Courtyard　5 入品 / Entrance

1 卧室 / Bedroom　2 上空 / Void　3 走廊 / Corridor　4 阳台 / Terrace

一层平面 / The 1st floor plan
二层平面 / The 2nd floor plan

道架空层分隔了容纳公共服务设施的基座与上部规整的方院。基座平台与架空层构成了开放的公共空间，同时也避免了建筑物对景观视线的粗暴阻挡（图2）。在这里，基座的作用格外重要，它填补了山体的斜面，创作出一道平滑的水平面，承载着上部纯粹的方形体量。基座成为复杂的自然环境与经典现代主义几何语汇之间的过渡。这种组织模式在密斯·凡·德·罗早期的里尔住宅（Riehl House）中得到过戏剧性的表现，也一直贯穿在他后期的大量作品之中。只有通过这个过渡，人们才能脱离日常俗物进入密斯建筑哲学中那个闪耀着真理光芒的精神世界。从这一方面看来，无论是勒·柯布西耶的底层架空还是密斯的基座，都起到了类似的作用——让现代主义的纯粹几何世界与错综复杂的现实地表之间保持距离，进而维护前者的单纯与独立。同样，在大舍的三联宅与文科楼中我们都可以清晰地阅读到基座与上层建筑之间的明确区别，这一模式甚至持续影响到他们后期的作品。

由上述分析可以看出，大舍第一阶段的作品具有强烈的现代主义特征。清晰的格网框架、明确的几何形体、近乎彻底的正交体系，这些特征让三联宅与文科楼归属于正统现代主义作品。尽管大舍所关注的是"使用的安排"，但功能组织是所有项目都需要考虑的，真正让他们这一阶段作品获得独特性的是实现的手段，也就是对一些经典现代主义元素的运用。遵循一个成熟的传统，对于一个初创事务所来说是非常合理的选择，而建筑师也需要时间走出之前的设计院体系，探索更具个性的道路。

离，边界，并置

尽管很多人相信"新的时代必将造就新的建筑"这个经典的现代主义理念，并由此推断现代主义已经过时乃至死亡，但他们往往忽视了现代主义作为一种传

〈图2〉

统的潜在影响。对于当代建筑师来说，现代主义不再是一种有意识的选择，而是一种隐含的潜意识，在不知不觉中已经接受的根本前提。现代主义从表面的实践操作中隐退，实际上却沉入了建筑师对建筑本源与实现方式的根本理念之中。在无条件地接受这一传统的一些核心要素，并且自然而然地视之为建筑必然起点的过程中，人们也失去了跳出这一传统，接受其他可能性的机会。而想要这么做的人，所需要的不仅是操作的转换，更为困难的是挑战自己之前所秉持的理念，这需要自我批判的勇气、理论的自觉、以及接受其他传统的敏感性。

　　大舍为人熟知的第二阶段作品就可以被描述为这一反省与重新选择的产物。不同于第一阶段对现代主义传统的全面接受，他们开始吸收其他传统的元素，进而塑造出与众不同的建筑效果。标志着大舍进入第二阶段，开始采取一种新的设计策略的是2003～2004年间完成的上海青浦区夏雨幼儿园，随后在2003～2010年的一系列作品，如青浦区私营企业协会办公与接待中心、嘉定新城幼儿园以及青浦青少年活动中心中得以延续。与第一阶段的经典现代主义秩序不同的是，在这些作品中大舍引入了一种新的、现代主义传统之外的元素：江南园林与城镇的空间肌理。以地域性文化充实现代主义单一的普适语言是全球很多建筑师普遍采用的策略，而对于出生于江南，成长于江南，并且生活工作在江南的大舍建筑师来说，这一策略的主要实现方式就是对当地传统空间类型的转译。这一转译成功地帮助大舍这一时期的作品脱离笛卡尔式正交几何体系的束缚，更为自由地吸纳不同空间模式。

　　"不可否认，我们的实践与我们对所在的'江南'这样一个地域文化的理解密切相关，无论自觉或者不自觉，我们之前大部分的建筑都像一个自我完善的小世界……这个小世界的原型就是'园'。"[3]大舍如此描述江南园林的空间原型在自己这一时期作品中的核心作用，他们进而提炼出3个操作性理念用于设计实践，分别是：离、边界、并置。在这3个范畴中，离与并置的关系更为密切，它们共同构成了具有江南特征的空间组织秩序。"离"（detachment）意味着维护部分单体的特异性与独立性，使之不被整体秩序所同化和吞噬。从某种程度上，离甚至要求对抗整体秩序的统一性，保持一种疏离的关系。"并置"所描述的是处于离的状态中的各种部分的关系，它同样意味着不以单一秩序强制规整保持独立性的部分单体，保持它们之间的差异性，并不视图掩盖冲突所造成的偶然性与复杂性。大舍认为，江南地区的"园"所遵循的就是这样的组织逻辑，它不同于现代主义所推崇的普适秩序（universal order）。

而"边界"则涉及不同的层面，一方面边界是构造单体独立性的基本条件，只有明确限定了边界才能获得区分于外界的可识别性。另一方面，边界也在社会生活中圈定一个受保护的领域，人们可以在其中营造不同于外部的、属于自我的"小世界"。江南文人的私家园林被高墙边界所围和的封闭性所体现的正是这种在自己的小世界中独善其身的立场，"中国人的'天人合一'是在院墙内完成的，这个院墙就是'边界'。"[4]

这3个特征能很好地解释大舍2003～2010之间的标志性作品。夏雨幼儿园虽然重复了之前基座加几何体的模式，但基座不再是过渡，而是设计的重心之一。在青浦新城边缘的旷地之中，一道相对封闭的墙体围和出一个独特的内部世界。最简明的解释是将基座的组织结构看作是明确边界内形态各异的小院子的离与并置，仿佛是传统江南园林平面的图底反转（图3、图4）。而上层的盒子所呈现的则是园林中分离的小房子之间的并置关系。在这里，建筑师所提取的是"园"的平面几何关系而放弃了传统园林中山石水景与植被、建筑的复杂性。建筑上下两部分的关系也同样体现了"离"与"并置"的关系。两种不同密度与形态的空间关系被简单地并置在一起，彩色小盒子与基座之间刻意塑造了分离的效果，在通常视角上，人们甚至无法看到两者之间是如何连接的。盒子与基座肌理之间的咬合也凸显了并置的偶然性，同样的关系也体现在办公区与教室区，以及办公区内部

图3，夏雨幼儿园模型（图片来源：
大舍提供）
图4，园林与夏雨幼儿园的图底关系
（图片来源：大舍提供）

〈图3〉

〈图4〉

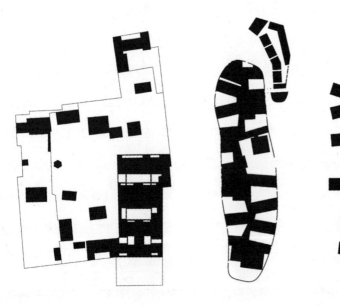

组织的方式之中。这种源自江南传统原型的复杂关系正是建筑师所刻意追求的，"因为通过不同关系的表达，就带来了建筑的丰富性，你看体量很简单、很干净，极少主义的状态，但是最后出来的感觉是很丰富的。那么丰富从哪里来？就是从关系来，"陈屹峰如此解释[5]。

的确，如陈屹峰所强调的，"离"与"并置"所描述的均为相互关系，而边界则限定了特定关系发生的范畴。这一时期大舍的设计模式往往遵循具体—抽象—具体的脉络，从具体的园林体系中抽象出清晰的几何关系，再使用简明的现代主义语汇再现这种关系。有趣的是，"从具体到抽象、从抽象到具体"恰恰是柳亦春为2012年"天作杯"全国大学生建筑设计大奖赛所拟定的题目，或许这两者之前有着并非偶然的关联。

大舍这一阶段的另外两个作品，青浦区私营企业协会办公与接待中心与青浦青少年活动中心虽然采用了更多正交体系的方形元素，但建筑的基本组织原则仍然延续"离"与"并置"的原则。青浦青少年活动中心"将不同的功能空间首先分解开来，转化为相对小尺度的建筑体量，再利用庭院、广场、街巷等不同类型的外部空间将其组织在一起"[6]（图5）。并置的复杂性有助于激励"无目的的游荡以及随机的发现"。将这一项目与大舍第一阶段的作品相比较，就会发现两者都基于功能分解的前提之上，"将建筑物根据预设的功能先分解、再组织，从而把设计的关注点放在分解后的各元素之间的关系上，这成为我们最近经常采用的设计方法"[7]，柳亦春谈到。但决定性的差别出现在重组的过程中。三联宅与文科楼所体现的是等级分明的、不可逆转的单一秩序，而青少年活动中心则呈现出无中心、无轴线、无层级的并存状态，任何单体并不从属于其他单体，以强硬的边界护佑自身的独立性。这样的结构更加类似于江南城镇的平民化特性，而建筑师的意图也在于此："一个建筑，也是一个小城市。"[8]

青浦区私营企业协会办公与接待中心以一道方形玻璃围墙环绕着一个独立的

〈图 5〉

领域，围墙内建筑以"离"的策略分解为几个部分，然后再以类似于传统城市小广场的方式组织在一起。同样，这个广场通过差异"并置"获得的偶然性与东莞理工学院文科楼的"完美"方院相比较，所彰显的正是大舍第二与第一阶段设计策略中最重要的转变。

在大舍2003~2010年的很多作品中，我们都可以清晰地阅读到"离、边界、并置"的操作模式。借由这一路径，大舍成功地将江南地域特有的空间关系引入既有的成熟建筑语汇中，从而开始摆脱之前经典现代主义传统的模式限制。这种通过引入传统肌理，脱离现代主义经典的单一几何秩序，重新接受偶然性与复杂性的策略，从个体看来是大舍对于地域文化传统的回应。但是在更为宏观的历史背景上，这种做法实际上颠覆了现代主义传统中一个悠久而深入的笛卡尔信条。

这一信条可以追溯到笛卡尔的《方法论》（Discourse on Method），这位数学家与哲学家清晰地表明他反感"古代城市中无区别的并置，那里一个大的，这里一个小的，由此导致街道的曲折与不规则，人们会认为是偶然性，而非有理性引导的人类意志导向了这安排"。[9]相对于这种并置生成的偶然性城市，笛卡尔所推崇的是"一个建筑师在空旷场地上自由规划的充满规律性的城市"。勒·柯布西耶的付瓦生规划戏剧性地展现了笛卡尔的立场，他摧毁巴黎旧城，代之以规整的笛卡尔式摩天楼（Cartesian skyscraper）的做法虽然并未实现，但是在全球进行过"现代化"的众多城市中，笛卡尔的"理性"之梦最终以这种方式得以实现，改变了众多城市的历史与面貌。有趣的是，大舍在青浦区的很多项目正是在笛卡尔所推崇的空旷场地上展开的，周围既无历史街区也无重要景观的牵扯，而建筑师选择的却是重新引入传统城市与园林的偶然性与不规则性。这一历史背景之所以需要提及，是因为很多建筑师已经将笛卡尔之梦视为必然信条，而忽视了它实际上有自己的历史，缘起于笛卡尔，也受到笛卡尔的目的与方法的限制，并非亘古不变的真理。大舍的江南策略，他们从第一阶段向第二阶段的转变，则表明他们已经脱离了沉默地接受，开始自觉地抵抗某些现代主义经典信条的影响，从而拓展了自己建筑语汇的范畴，塑造出作品的独特身份。

境与空间范式

在描述第二阶段作品的根本倾向时，大舍使用了"境"的概念，意指"空间及其氛围"。也就是说大舍这一时期所关注的是空间这一建筑元素。前文已经谈到，在对江南园林与城市的引用中大舍所提取的主要是空间关系，而舍弃了其他那些花草树木、砖石鱼虫等具体的物体及其特征。正如大舍对第一阶段的自我总结是"使用的安排"，但隐藏在这一描述背后的，并未提及的实际上是正统现代主义体系的一整套处理方式；在第二阶段"境"的概念背后也同样隐藏着另一个尚未被挑战的现代主义要素——空间范式。在很大程度上，这一要素控制了"离、边界、并置"的具体呈现方式，也给予大舍这一阶段作品依然强烈的现代主义特征。因此，尽管大舍通过对江南地域文化的引入在某种程度上突破了经典现代主义传统的一些信条，但是在某些核心理念上仍然受到这一传统理论话语的影响，这体现在"境"与空间范式的密切关联之上。而大舍第三与第二阶段的变化，恰恰在于进一步摆脱了空间范式的限制，在"境"之外对"物"有了更深切的关注，这也才会有龙美术馆与大舍之前作品之间巨大的差异。对于那些具备理论自觉性的建筑师来说，一个理念的变化的确可以改变从本源到实现的整个建筑体系。在这一节中，我们将进一步讨论空间范式与大舍第二阶段作品的关联，然后再讨论"物"的关注如何摆脱空间范式的制约，以及这种解放的价值。

所谓范式（paradigm）是指某种事物的规范、模式。通过托马斯·库恩（Thomas Kuhn）在科学哲学上的研究，这一概念被给予更为明确的含义。库恩将范式定义为科学体系的基础性的基本假设与思想结构，它由一系列核心概念、这些概念的结构关系以及所限定的范畴所组成。这些因素一同决定了该领域的研究内容，哪些问题应该被提出，这些问题所应该具有的结构，以及科学研究的结果应该被怎样阐释。自库恩以后，范式的概念已经被广泛使用在各个学科之中，简单地说，它就是指一种基础性框架，决定了学科范畴，以及研究开展所依赖的核心理念、核心问题，甚至是限定了对研究结果的理解方式。因此，在一个建筑思想体系中，一种范式限定了使用哪些根本性概念来讨论建筑，以及哪些与这一系列概念相关的问题应该加以讨论，以及可以用什么样的方式来解释建筑与事件。

范式概念的重要作用在于，让我们意识到任何一个知识体系都奠基于范式之上，也受到范式的约束与限制。范式的转换将会造成整体知识体系从概念到理论的全面转变，因此任何受到范式约束的知识体系都不能被简单地视为永恒的真理，因为范式本身可能并非无懈可击或者是别无仅有。正如前文提到的，对于现代主义这一独特建筑体系，我们必须意识到它也仅仅是一个传统，可以像其他传统一样被选择、被放弃。那么剖析现代主义理论体系的范式基础也能帮助我们理解这一理论体系的产生模式，进而获得批判与选择的距离。基于这样的理由，本文提出了"空间范式"（spatial paradigm）的概念，借以强调空间概念在现代主义范式中的核心作用，以及这一概念所隐含的后果。

空间概念的重要性在今天不言而喻，它已经是我们谈论建筑不可或缺的概念之一。这正体现出范式的作用，它并非给出一个精确的理论，而是限定了理论得以建构的基础，比如今天建筑理论体系中的空间概念。然而，纵使空间的概念耳熟能详，被所有建筑从业者们自如运用，它到底意味着什么？作为范式的一部分如何限定了建筑问题的可能性，以及相应解答的倾向，这些问题并未得到所有人的重视。在使用这一概念的同时，人们往往接受了"空间范式"的一系列基本假设与基本立场，而放弃了对它的审慎反思，以及选择其他范式的可能性。在这里，历史分析能够帮助我们认识到空间概念的相对性，阿德里安·佛铁（Adrian

Forty）指出："在1890年之前，'空间'这一概念在建筑词汇表中并不存在。它的采纳与现代主义的发展有着密切的联系。"[10]正是从前现代主义到现代主义的范式转换，才让"空间"概念占据了在今天不可动摇的核心位置。佛铁进而分析了空间概念从最初进入现代主义范式开始所获取的不同涵义，以及它与众多建筑理论的内在联系[11]。

今天空间概念的普遍流行，很重要的一个原因在于，建筑师们认为在这一概念中，我们已经发现了"最纯粹的，无法化简的建筑实质——一种仅属于建筑的特性，能将建筑与其他艺术实践区分开来"[12]。也就是说，空间概念标明建筑的特殊性，为建筑脱离于其他艺术门类的牵绊，获得自主独立性（autonomy）提供坚实基础。而在另一方面，空间概念背后与现代科学、现代哲学的密切关联也使得建筑理论可以借用这些被人们认为更为"高深"的理论体系的学术光芒，使建筑学也获得科学性与哲学的气质。

然而，要达到这两个目的，所付出的代价是建筑师也不得不接受空间概念中所隐含的一些导向与限制，进而约束自己的建筑语汇。这一点早已鲜明地体现在现代主义建筑中，也同样体现在大舍第二阶段以"境"为核心理念的作品之中。他们所付出的代价就是对实体与意义的压制，而获得的结果则是纯粹抽象的几何建筑语汇。

就第一个目的，确立建筑艺术的自主独立性来说，空间概念借由德国美学理论进入建筑领域，它将建筑审美的对象定义为空间，而非由石头、木头、混凝土构成的建筑实体。而在德国唯心主义美学理论的源泉，康德的思想中，审美的过程必定是非功利的，与任何目的、实用价值、甚至是作为事物的概念无关，只取决于艺术品的形式关系。那么一个简单的推论就是，建筑的审美是空间的审美，而这种审美是无关目的、价值与实体概念的，因此在讨论空间时不应该涉及任何意义与实体，仅仅应该关注空间的形式，也就是可以用几何语汇描述的形态与关系。

对于第二个目的，空间概念在现代数学、物理学以及宇航探索等领域中不可避免地广泛使用有利于建筑学科与当代社会最受人信赖的理性体系建立亲属关系。这种信赖起源于牛顿以绝对时间和绝对空间的概念为基础建立的物理学模型所赋予人们的，准确预测天体运行的能力。在牛顿理论中，绝对空间是完全独立的、匀质的、无穷的、无法感知的，取代了古典哲学中等级化的，对应于不同价值的场所（place）的概念。绝对空间成为与价值、利益、目的、情感乃至感官完全无关的事物，唯一可以用于描述和理解它的是几何尺度与关系。而牛顿这一假设的哲学基础还可以追溯到笛卡尔，他直接否认含混与迷惑的感觉（senses）能够给予我们认识真实世界的有效数据。因此，我们对于事物的五官感受以及情感反馈都应该被摒弃，"物体的本质，总体来说，不是由这样的事实——它是一个坚硬的，或者沉重的，或是彩色的，或者以其他任何方式影响我们感觉的物体——所构成，它的本质是一种在长度、宽度、深度上具有延展的实体。"[13]也就是说，对于世界的理解，我们只能信赖数学，尤其是几何的度量，身体感受等我们在日常生活中所依赖的路径必须让位于清晰、明确、永恒的机械性建构。

从这个简单的分析中可以看到，空间概念的两大支柱均隐含着去除感官、去除情感、去除利益与价值等与人类意图有关的因素，仅仅依赖数学度量、依赖几何关系来理解空间，乃至于世界本质的要求。这或许才是空间概念并未言明的暗藏策略，它引导我们倾向于以抽象、几何化的方式看待空间与空间中的事物，回避身体、回避感受以及人的目的。当然这并不是说建筑师们完全自觉地接受了牛顿与笛卡尔的假设。真实的情况是，这样的空间概念通过现代科学的决定性胜利，进入绝大多数人所接受的理解世界的范式之中，进而形成了"空间范式"，在最深层上，甚至以难以察觉的方式影响了我们对建筑的讨论。没有人比蒙德里安更清晰地表明了这种影响，他写道："逻辑要求艺术成为我们整体存在的塑性表现：因此它必须同样是非个体的、绝对的事物的塑性表现，要消除主观感受的相互冲突……事实上，这是新塑性绘画的本质特征。它是长方形彩色平面的构成，表现最为深刻的现实。它通过对关系的塑性表现来实现，而不是展现事物的天然外观。"由此，对简单的纯粹几何形体相互关系的表达成为新塑性绘画，以及风格派（De Stijl）建筑的核心准则，并且通过施罗德住宅与巴塞罗那公寓等作品成为经典现代主义建筑的形式来源。即使那些并不接受这种构成策略的现代主义建筑师，也同样接受了以简单几何体与几何面为核心元素的抽象建筑概念。

如果说不是每个建筑师都清楚意识到这是一种特殊策略的话，大舍又构成了一个例外。"离"与"并置"所关注的并非部分本身，它们常常被简化为纯粹几何体，而是这些部分之间可以被几何化描述的关系。陈屹峰坦承，"我们更多的是从关系切入吧，而不是形态，或者其他东西入手。"[14]

而对于几何与关系这两个大舍第二阶段决定性的元素，陈屹峰进一步解释："我们现在对关系更花心思，因为关系实际上是个很弱的东西，如果组成关系的元素与形态是简单的几何体的话，就容易把关系说清楚，这样关系就凸显了。如果把构成关系的元素复杂化以后，关系就会被掩盖掉，所以我们的建筑中会出现很纯粹的组合、很单纯的色彩，或者是很干净的面。"[15]而纯粹几何体的作用也不仅仅是凸显关系，柳亦春解释道："为什么选择几何体？因为几何体本身说所携带的意义是比较少的。比如当比较纯粹的几何体出现时，我们就会更多地去关注几何体和几何体之间的空间，而几何体本身的形就是另外一个次一级的表现形式。"[16]两位建筑师用自己的语言重述了从笛卡尔到蒙德里安的思想脉络，去除感官、去除意义，仅仅剩下纯粹的几何关系，这一切内容均蕴含在"空间范式"所造就的，建筑师对空间概念的信任之中，以至于成为潜意识的一部分。如柳亦春所言："说到几何体量，我觉得应该是一个无意识的行为，那可能是一个简单的喜好，或者说并没有对几何体量进行一个很有针对性的研究，很多时候设计中会有一些无意识的行为。"[17]而在无意识的表象之下，是范式与传统的持续作用，建筑的感染力被理解为"关系的美学"[18]。

除了"离"与"并置"之外，大舍第二阶段作品的其他一些特征也体现了空间范式的影响。比如他们作品中经常出现的轻盈感，这往往通过整面玻璃或者打孔铝板的使用来实现。在青浦私营企业协会办公与接待中心、嘉定新城幼儿园、青浦青少年活动中心中都体现得极为明显。这种做法的一种效果是消除不透明实体的厚重感，而为何要消除厚重感？或许一个重要的理由是笛卡尔所说的，坚固、沉重等个体感受是不可靠的，纯粹的几何关系应该被清晰地体验到，而不是被不透明的墙体所阻断。同样，大面积纯净粉刷墙面的使用也起到了类似的效果，结构、质感、交接等与材料的实体属性相关的元素都被粉刷面层所掩盖，墙、顶、柱等结构性元素都被呈现为几何面或几何体，从而令几何关系变得清晰和唯一。白色墙面在现代主义传统中的主导性地位与空间范式之间的密切关系在这里又一次得到重申。

另一个值得讨论的细节是大舍经常使用的不规则窗洞在墙面上并置的做法。在嘉定新城幼儿园、青浦青少年活动中心等项目中，大量大小各异的窗洞密布在墙面之上，构成立面的主要特征（图6）。不规则窗洞是传统建筑，包括江南民居的典型特征。这些由非职业建筑师建造的住宅往往根据家庭活动的需要考虑窗洞位置与大小，因此生活的多样性与复杂性也体现在窗洞大小与布局的偶然性上。同时它们也受到结构与房间大小的影响，因此体现出一定的节奏与韵律。但是在大舍的项目中，窗洞的数量与密度之大已经远远超越了传统民居的量级，观察者已不可能再将它们视为反映日常生活模式的民宅窗洞，而只能是视为另一种纯净的几何元素，它们之间的关系也不再体现生活方式的韵律，而是单纯的几何关系，就像其他被呈现为单纯几何体的房间单元一样。

从这些证据可以推断出，大舍将第二阶段作品的特征定义为对"境"的探寻是准确的，境的核心体现在空间的概念之上，这体现出"空间范式"仍然在左右建筑师的思考，它背后所暗藏的假设与倾向直接导向了大舍作品中强烈的抽象性几何关系。或许两位建筑师摆脱了笛卡尔对不规则并置的偏见，但是要摆脱他对数学与几何关系的推崇以及对身体与感官的压制还需要更多的努力，毕竟这种观点已经通过"空间"这个模糊而神秘的概念潜入建筑师对于建筑的深层理解之中，我们需要一种更为坚决的决断才能抵抗它无形的诱导。

正是在这一背景之下，"物"进入了大舍建筑师的思考之中。

身体与迷宫

谈及大舍由第二阶段转向第三阶段的过程，柳亦春描述了一个有趣的转折点，那就是2009~2010年间完成的螺旋艺廊I内院的入口处。两道垂直墙面在这里夹出一条窄道，人们需要循路拾阶而上到建筑的顶部，再走下台阶进入平地上的内院（图7）。就在走道终结，进入内院的端点上，建筑师"灵光一现"，将一侧的墙体弯曲，形成一个向顶部逐渐缩窄的入口。至于这一变化的意义，柳亦春认为，它迫使身体更密切地参与对建筑的体验。因为上部被收窄，人们走下台阶时会不由自主地弯腰低头，仿佛通过一道有特定身体行为参与的仪式进入内院。对于大舍来说，这一点或许可以标志着"物"开始在"境"的主导下逐渐浮现出来，得到更多的关注。而这里的"物"则是人的身体。

尽管有很强的戏剧性，但很难相信大舍的转变真的产生于这瞬间的顿悟。身体，或者说人物性的一面更早之前已经以另外一种方式出现在大舍的作品中，那就是迷宫。螺旋艺廊I实际上就是迷宫概念的简化，穿行路线虽然只有一条，但是，在弯曲与高度变化的双重影响下，你很难推测前方会遇到什么。这种迷惑性是迷宫最吸引人的地方之一。在此前完成设计的老岳工作室及住宅（2008~2012）则更为彻底地体现了迷宫的特征。设计的来源是业主老岳的绘画

〈图7〉

作品《迷宫/修身持志、怡情养性》，画家描绘了一个由墙体围和的园林式迷宫，各式各样的人物与动物在迷宫的不同地方各自从事自己的活动。虽然大舍仍然采用了纯净墙面与不规则窗洞的形式语言，但是"离"与"并置"的策略却不再那么有效了，在迷宫错综复杂的交织关系中部分之间的边界不再清晰，相互之间的关系也不再清晰，无法被辨认为不同单体的并置。如果说此前大舍作品中的多样性仍然被清晰的空间几何关系所约束的话，在老岳工作室的迷宫中，这种清晰性完全让位于含混与难以捉摸。而这实际上已经完全脱离了"空间范式"中所暗含的对明确几何关系的要求。笛卡尔期望通过几何的确定性与简单性摆脱日常体验的混乱与矛盾，而在迷宫之中，这一要求被完全反转。

在西方传统中，理性常常被比作阿里阿德涅的红绳，帮助人们走出身体感官与情感的迷宫。而大舍则希望人们回到迷宫之中，就像老岳绘画中沉浸于七情六欲的主人公一样。身体通过迷宫的隐喻已经存在于这个方案中，笛卡尔传统下"空间范式"的束缚开始得以松动。在一篇评论文章中，邹晖以"记忆的迷宫"来描绘自己对大舍建筑的感受，柳亦春也强调这篇文章中的迷宫、身体等概念对大舍近期设计的影响。

实际上，在当代理论语境中，尤其是受到现象学影响的研究中，身体是最常被提到的词语之一。它的重要意义之一，在于反转自笛卡尔以来，或者是说自柏拉图以来推崇抽象的理性静观压制身体感受的倾向。在建筑界，这种反转体现在空间概念统治性的衰落以及场所（place）概念的提升上。如佛铁所说，"20世纪70、80年代后现代建筑的特征之一就是试图削弱'空间'概念被赋予的重要性。"[19]在康德与笛卡尔的传统中，空间的感知与分析都要求脱离身体感官、行为意图、传统文化的影响，与这样的空间理念所对应的是理性静观，无论是康德还是笛卡尔都认为单纯通过理性思考本身就可以发现最真实和正确的理论原则，而不应受到具体场景与行动的干扰。而在现象学体系中，这种理性静观者的概念已经被实践参与者的概念所取代，我们对世界、对自己的认识都是在实践行为中产生的，而行为就必定涉及意图、利益、价值、情感以及身体的参与。从这一角度来说，场所是比空间更为本源的概念。不同于空间的无穷与匀质，一个场所有其特定边界，特定的氛围，适用于特定的活动，有其特定的意义与价值。如海德格尔所说："各种空间（spaces）通过地点（locations）获得存在，而不是通过'空间'（space）。"在这里，"各种空间"实际上指的就是各种场所，它的特点来自于具体的地点，而不是那个抽象的、纯粹的"空间"概念。我们同样应该以这种方式来解读巴什拉（Bachelard）的名著《空间的诗意》（*The Poetics of Space*）。或许更贴切的命名应该是《场所的诗意》，在书中作者描述的正是一个一个特殊场所对于我们的意义，如鸟巢、壳体、角落、抽屉等。柳亦春对巴什拉的阅读与引用表明了这一理论走向对大舍的影响。在天作杯竞赛的题目解读中，他不仅提到巴什拉的阁楼与洞穴，还明确写道"当我下意识地给那块18m见方的基地叠加了一个坡度的时候，筱原式的具体性的神灵已经在我的体内偷偷地游荡开来了。其实，我可能想要的是些更为具体的'具体性'们……在当代建筑潮流越来越趋于细窄的困境中，丰富的具体性背后，隐藏着多么丰富的建筑学啊！"[20]而并非巧合的是，这次竞赛的一等奖，苏黎世联邦理工大学建筑学院李博同学的设计恰恰是一个明白无误的巴什拉式作品。不仅仅巴什拉《空间的诗意》中的引言直接出现在图面上，整个设计，借用邹晖老师的题目来总结，可以被准确地描绘为"记忆的阁楼"，一个巴什拉专注讨论过的场所。

对身体与材料具体性的关注，也体现在柳亦春对结构日益浓厚的兴趣上。在一篇名为"像鸟儿那样轻"的文章中[21]，他着重探讨了石上纯也的桌子与约格·康策特（Jurg Conzett）的步行桥等两个作品的结构原理与内涵。虽然这两个作品都将轻薄的视觉感受推至极致，但柳亦春分辨出两者的重要差别。在石上纯也那里，"抽象性的思考及其表达是首位的，结构、构造与材料在完成了它们的任务之后，最终隐退在空间之后，然而由此产生的空间形式，却又离不开这背后的结构、构造与材料。极致的技术产生了极致的形式，却并不一定要表达技术本身。"[22]而康策特的桥则"在形式上忠实地表达了他的结构。美既在峡谷上方跨越潺潺溪流的凌空一线，也在进出无所不在的材料细节之中"[23]。两者的区别在于："石上不在乎原本可以很结构性的东西被刻意遮掩掉，而是借此去强化他想表达的轻薄、抽象，而康策特的桥则是非常诚实地将每一颗螺钉都展现在了我们面前。"前者关注的是抽象的空间形式，而后者则力图展示不同材料与构件的具体特性。

因此，薄只是一种表象，柳亦春的分析展现出表象之下不同的动机，在这两者之间的权衡，柳亦春通过引用卡尔维诺的话，含蓄地表达了自己的立场——"应该像一只鸟儿那样轻，而不是像一根羽毛。"[24]卡尔维诺借用保尔·瓦莱里（Paul Valery）的诗句来阐明自己对轻的理解。鸟儿与羽毛的区别在于，鸟通过自己的力量与努力抵抗身体的重压，获得飞翔的自由，她是精确的、确定的和坚定的，而羽毛不过是无意识地随风飘零，伴随它的是模糊、偶然、以及不由自主。鸟的腾飞实际上象征了人对轻逸的渴望，那就是摆脱生活困苦的沉重与束缚，获得轻松和愉悦的自由。卡尔维诺认为，这是"人类学的稳固特征，是人们向往轻松生活与实际遭受的困苦之间一个链接环节。而文学则把这一设想永久化了"[25]。所以，卡尔维诺所推崇的轻不是让人变成没有重量的"非人"（比如羽毛），进而拒绝现实的沉重，而是像希腊神话中的柏修斯一样，"承担着现实，将其作为自己的一项特殊负荷来接受现实。"[26]这就犹如鸟儿能托载着自己的身体，依然振翅高飞。我们不应该拒绝身体、拒绝现实，而应该举重若轻，不让那些过于沉重的东西将我们压垮。

因此，在轻的背后，所隐藏的同样是身体的感受，对重量的负荷，以及对生命困苦的反应，这些丰富而具体的内容显然无法被纯粹的空间几何关系所呈现。也是基于这个原因，柳亦春评价伊东丰雄的多摩美术大学八王子校区图书馆中的薄拱结构："伊东在经历了银色小屋、仙台媒体中心以及TOD'S之后，忽而将技术的表现性适当抑制，便似乎就又回到了那个已被拆除的中野本町之家，那个具有某种原始感的永恒空间中去了，他开始希望借由这种原始空间，去找回都市游牧者逐渐迷失的身体性，而身体性的迷失，正是技术的副作用。"[27]尽管空间一词仍然出现，但这段话真正的核心是身体，是身体在这个具体场所中所感受到的仪式化氛围。

从以上论述中可以看到，大舍的转向显然不能被描述为灵光一现的顿悟，而是有着明确理论背景的自觉性反思。实际上，在"境"的概念中，大舍除了强调了空间之外，也同样提到了空间，或者更具体地说是场所的氛围。只是，在"空间范式"导控下的纯粹几何语汇与场所氛围的营造存在理念上的冲突。因此，要真的实现氛围，甚至是强化氛围，建筑师不能仅仅依靠空间，或者是"空间范式"之中的空间，他们需要更为强有力的手段。

龙美术馆

很难不去设想螺旋艺廊I的转折点与龙美术馆之间的潜在关系（图8）。两者的直接联系是放弃了大舍此前作品中几乎从未受到挑战的竖直墙面。在经典现代主义语汇中，竖直墙面与平屋顶都被呈现为几何面，在空间几何关系中，它们除了位置不同以外，并无品质上的差异。空间的匀质并不欢迎重力导致的上下之分，多米诺体系中地板、楼板、顶板实际上并无差别，从结构到用途均别无二致。而墙面在竖向上弯曲的一个直接后果是造就了一个特殊的顶，人们能明确地感受到墙体从地面升起，在竖向上延伸，然后在头顶俯下，围和出一个受庇护的领域。在这里，地面、墙面、顶面不再是无差别的几何面，而是有着具体的、不同的作用，同时表现出一种护佑的姿态，塑造出有着更强烈安全感的氛围。这正是巴什拉所描述的窄小的、斜屋顶下的阁楼所具备的特殊意义。在大裕艺术家村以及龙美术馆的设计中，这种意义通过不同的屋顶形式体现出来，大舍非常清楚这种做法与之前设计策略的巨大差异，陈屹峰谈到，在此前他们会刻意避免使用这种有明确喻义或者传统符号的元素，而现在这不仅不再是一个问题，反而成为大舍新的探索方向——意义的获取。

意义的重要性在前文讨论中已经有所提及，如果我们存在于世界的基本方式是实践参与，那么实践的目的与价值，或者说它的意义就成为人们存在方式的基本元素之一。而生命本身，作为整体的实践，也可以被视为探寻生命意义并且试图实现它的过程，萨特（Sartre）称之为人的"根本性事业"（fundamental project）。由此我们可以看到，身体的涉入、意义的获取、对巴什拉的阅读等因素在大舍建筑思考中属于一个整体，起源于对人应该是以什么样的方式存在的本源性思索，而体现在建筑实现上则是大舍从"即境即物"向"即物即境"的转变。

为何"物"能起到如此关键的作用？一方面在某种程度上物可以被看作空间的对立面，在"空间范式"中所要压制的硬度，重量，色彩，触感等恰恰是物的基本特质，也是人们日常生活中直接体验到物的性质，正是在这些日常接触中，行为的意义得以实现。在另一方面，具体的物本身也往往是意义的载体，它的形态、质感、构造方式等往往唤起人们对某种文化内涵的回忆。大舍两位建筑师也强调了物的这种双重性："建筑的物质性实际上也就是意味着在作为概念的建筑中，具有本质价值的'架构'是重要的，这是建筑之所以能'站立'以及构筑为'物'的骨骼。而另一方面，由于物本身必然携带着意义的特性，架构也同时承担着建筑的象征性和文化性的侧面。"[28]使用"架构"一词，意在避免"结构"概念过于工程化的理解，大舍试图通过这一概念强调结构的文化内涵。因此，架构与意义，是大舍强调物的两种方式。这也是他们在龙美术馆原址上留存下来的"煤料斗"长廊中所发现的价值（图9）。这是一个纯粹的架构，严格遵守材料的

〈图 8〉

力学限度，将承接方式、受力关系、材料质感毫无保留地呈现出来。同时它也是一个明确的宣言，所彰显的是工业生产对纯粹目的、技术效率、理性控制的坚定追求。这些品质，或者说是"美德"早已超越产品生产，成为我们所认同的价值范畴的一部分。正是因为这样的特性，煤料斗被作为遗产在龙美术馆中保留了下来，而它背后所蕴含的双重价值则以另外一种方式体现在龙美术馆最核心的建筑元素——伞形单元当中。

在以空间几何关系为主体追求的建筑中，建筑元素往往被抽象为纯粹几何体或者是面，而其内部的结构、材料差异、设备管线则成为被纯色粉刷所掩盖的对象。这也是大舍第二阶段很多作品所常常采用的方式。而龙美术馆的伞形物却与此不同，裸露的清水混凝土墙面明白无误地告知人们材料的真相，模板的印记与韵律将建造过程也呈现出来。物质的视觉特征与操作方式一览无余（图10）。在表面之下，伞形单元有着精心的结构设计。在已经建成的框架式基础上，建筑师在柱梁两侧升起两片混凝土墙，两片墙体中间则留出充分的空洞供管线通过。在顶部随着墙体向两侧延伸，墙体间的空洞也随之变大，足以容纳更多的照明、消防、空调管线，甚至能让人直立行走通过（图11）。这种利用刻意设计的中空结构容纳设备管线的做法很容易让人想起路易斯·康对服务与被服务的论述，他把这种结构称为"空的石头"（hollow stone）。这一做法所带来的安置设备管线的便利性自然不言而喻，但是它的意义显然并不仅限于此。这样为管线专门设计特定的空洞与任由它们随意散布或者以一道饰面加以掩盖的做法最大的不同也许并不在于哪种更为便利，而是建筑师对于设备管线的态度。是给予它们足够的尊重，像给予人关怀一样给予它们应该有的尊严，并且为其提供特属的领域，还是将它们视为负赘，草草应付或者是简单掩盖。这与管线是否可见无关，所体现的是更深层次的对物的态度，是否能够尊重那些被我们认为是最微不足道的物，这实际上会深刻地影响建筑师的设计思想，康与砖的对话或许就是一个杰出的例证。探索细微事物的本质，并且找到与其本质相适应的安置方案，这让建筑师从某种程度上更接近于造物主的角色。在众多宗教理论中，造物主不仅仅创造了世界，创造了所有的物，而且还给它们设定了相应的位置，为整个世界的结构上好了发条。阅读建筑，阅读每一个物体在建筑整体中的位置与关联，就仿佛阅读整个世界，或许这才是弗兰姆普敦（Frampton）所强调的建构的表现层面中最重要的内涵之一[29]。

　　虽然在龙美术馆中，所有这些建构性的考虑都被墙体所遮挡而无法被观察者直接阅读。但真正有价值的是建筑师的立场确立起来，即使它没有展现在最表面上。有了这种立场，建筑师就获得了一种新的路径、新的领域去展现那些曾经被"空间范式"所压制的建筑魅力。而纵观建筑历史，我们会发现，这其实是数千年来建筑艺术的支撑力量之一，反而是"空间范式"变成了一个短暂的特例。一个值得反思、值得怀疑的特例。

　　如果说伞形物的建构意义并不容易为人所知的话，那么它与拱顶的亲缘关系则传达出直接而强烈的意义参照，这也是龙美术馆最能给人以震动的地方（图12）。柳亦春承认，在设计这一元素的过程中，他们一开始所关注的只是伞形物所特有的支撑与覆盖的性质，并未有意塑造拱顶。而当设计最终转化为连续的曲面墙体，建筑师自己也被它所创造的意义与氛围所震动，"在大比例的工作模型只完成了一半的刹那，'罗马'这个字眼就如灵魂附体"，柳亦春写到[30]。尽管拱顶氛围的出现有一定偶然性，但是如果建筑师仍然像他们之前在第二阶段中所说的，排斥意义、排斥象征、排斥历史元素的直接借用的话，这种偶然性甚至不可能发生。罗马绝非一日建成，而对于当代建筑师来说，愿意接受罗马的辉煌并且呈现在自己的作品中也同样需要相当难度的思想准备。只要看看在当代建筑中能够呈现出罗马建筑气质的作品有多少就可以想见这样做的难度，拉斐尔·莫内欧（Rafael Moneo）的梅里达博物馆当然是其中的翘楚。而在中国，除了那些附加在表面的拱窗以及象征政府威严的穹顶以外，龙美术馆或许是唯一一个能让我们

〈图9〉

〈图 10〉

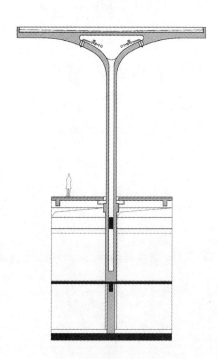

〈图 11〉

真切感受到古罗马最伟大建筑元素感染力的作品。两位建筑师的惊讶完全可以理解，他们所惊讶的也许不仅仅是建筑效果，同样也有在"意义获取"的道路上所展现出的新的（或许可以说是旧的）可能性。

很自然地，我们会将龙美术馆与路易·康的金贝尔美术馆相联系，虽然都与拱顶有关，但两者在力学结构上都不是真正的拱，两者的形状也都不是经典的半圆形，包括拱顶的天光、材料的选择也都有相似性。但是两者的差异也不容忽视，康选择转轮线（cycloid）截面是为了减弱半圆拱顶的高耸，避免过于隆重的氛围，而在龙美术馆，伞形结构的平面尺寸更大，在很多地方甚至延展到两层层高，以更为宏大的体量塑造出比金贝尔美术馆更为强烈的纪念性。另外一个重要的区别在于，金贝尔美术馆的拱顶所凸显的是路易·康不断强调的房间（room）的概念，一组拱顶下就是一个明确限定的房间，不应该受到破坏，他写道："拱顶抗拒划分。即使真的被分隔了，房间也仍然是房间。你可以说，房间的自然本性是她总是具备完整的特征。"[31]在龙美术馆，拱顶的这种完整性显然受到了挑战，站在巨大的伞形结构下，人们感受到的实际上是半个拱，伞形物不同方向的交错也打破了金贝尔秩序严明的单元序列，制造出不同区域之间连贯的流动感。这一差异的效果之一是让伞形物本身的实体感变得更为突出。这是因为在金贝尔的"房间"中，拱顶是房间整体的组成部分，它与地面、墙面、立柱共同作用，形成一个完整的房间，人们感受到的是一个被拱顶覆盖的房间。而一旦房间的概念失去主导、拱顶与其他元素的整体性被削弱，那么伞形物的独立性也就获得更多的表达自由。这也是大舍的天光处理不同于金贝尔之处，每一个伞形物都被天光所环绕，直接暴露的光缝强化了个体的独自站立。

这些光缝的另外一个作用是让我们清楚地意识到，即使有着拱的形态，这个伞形物毫无疑问也是一个不太常见的，需要特殊结构考虑的悬挑结构（图13）。的确，金贝尔也不是纯粹的拱顶结构，并未像真的拱那样将侧推力传达到拱顶的

〈图 12〉

两边。可是对于普通观察者来说，拱顶的文化印象会让他们自然而然地认为两侧
的拱顶处于互相支撑的平衡状态。被反射板遮挡的天光也避免了对这一理解的过
分干涉。但是在龙美术馆，这种误解不会再出现，建筑师让人们明白无误地阅读
到伞形物的结构属性。巴什拉曾写道，拱顶对人的包裹呈现了人们"梦想获得亲
切感的伟大原则"[32]，独自站立、坚定地向两侧伸出双臂的伞形结构让我们去设想
这样一个物，为了营造庇护与安详，需要付出艰苦的努力来抵抗重力的负荷，它
甚至没有同伴的帮助，仅仅依靠自己的力量与强度。这或许会让亲切的氛围变得
有些"沉重"，但也会更加强烈（图14）。这又一次表明了，对于意义的获取与传达
来说，物，以及物的属性是同样强有力的手段。

　　因此，我们可以说龙美术馆与金贝尔美术馆非常重要的区别之一，是伞形结
构物在整个建筑中的地位比康的拱更为重要。康所关注的房间是围和物与其中被
限定的空间做构成的整体，而龙美术馆中伞形结构作为物的存在属性则超越了其
他因素。当然，这绝不是对两个建筑的品质进行高低之分，而是想说明在实现"意
义获取"的根本性目标上，大舍在龙美术馆中如何深入地探索了物的潜力。

物的纪念性

　　在X-微展上，大舍选择用"Been"来翻译"物"，很显然这个词汇的选择与
现象学，尤其是海德格尔的理论有所关联。而在笔者看来，也许更为恰当的翻译
是"thing"，它使得我们可以借用海德格尔在《艺术品的起源》（The Origin of
the Work of Art）中的经典论述来讨论龙美术馆中的另一个特征——物的纪念性。

　　虽然主题是关于艺术品，但是海德格尔在这篇文章中首先讨论了一个更为普
遍的问题，什么是物（thing）？他首先否定了3种错误的观点，第一种将物看作有
各种偶然性质的实体，第二种将物看作各种感官知觉的结合，第三种将物视为物

质与形式的结合。尤其是第三种观点在艺术理论中最为流行，物质只是艺术家形式创造的原料与领域，只有形式才是实质，由此导致的形式美学思想自然会走向对物质层面的贬低。而海德格尔的观点是，"离我们最接近的，也是最真实的物是我们身边的使用物品（use-object）。"因此，物的基本特性是它的工具性（equipmental being），它对于我们有某种用途、价值或者意义。所谓纯粹的物（mere thing）实际上"也是一种工具，一种被剥夺了工具性的工具"[33]。这与前面谈到的人的根本存在方式是参与性实践的理论是相符的，如果人的任何活动都与意义有关，那么对于人来说，所有的物也都应该有意义，才能成为生活世界的一部分。这一点也是大舍所认同的，"物本身必然携带着意义的特性"，我们已经分析了龙美术馆中伞状物背后所指涉的各种意义内涵。

然而，工具性的物是我们所熟知的东西，并无任何特殊之处，为何需要将它渲染得如此神秘，给予它这么强烈的纪念性？我们需要一种解释来帮助理解龙美术馆中伞状物所呈现的纪念性。海德格尔的后期哲学为我们提供了一条线索。的确，生活世界中的物都具有意义，这种意义从属于这个世界中各个事物、事件构成的意义框架，在这个框架之下的物展现为一种工具。然而，我们必须意识到，也许有不止一种、甚至是无穷多种的意义框架，那么物可以呈现为不止一种，甚至是无穷多种的意义或者是工具。只是因为我们在选择一种意义框架的同时，实际上也抛弃了其他无穷多种意义框架的可能性。因此，当物在我们选择的意义框架中彰显为某种工具的同时，它在其他框架中彰显为其他工具的无限可能性却被掩盖了。而那些能够认识到这一过程的人，对物的本质有真正深刻思考的人，会理解在物作为某种意义载体背后所蕴含的无穷的丰富性（infinite plenitude），海德格尔称之为物的"大地特性"（earthy character）[34]。而当我们面对无穷的时候，一种自然而然的态度是敬畏，也就是说，即使面对最卑微的物，有这种哲学敏感的人也会抱有某种敬畏，纪念性由此而生。这样的态度在康与砖的对话

〈图 13〉

〈图14〉

中可以看到，在卡洛·斯卡帕对石头这种材质的各种可能性的探索中都可以看到。相比于对英雄、权威等存在于当下意义框架之内的事物的敬畏，这种本体性（ontological）的纪念性，物的纪念性更为根本与深刻。

这一理论或许能够解释我们在康、在斯卡帕、在卒姆托、在筱原一男这些对"物"情有独钟的建筑师的作品中常常体验到神秘感的原因。因为物所蕴含的无穷的丰富性是被掩盖的，是处于我们理解世界的意义框架之外的，那么它注定是无法被言明，无法被清晰理解的，神秘性由此而来。我想这也许也能用于解释龙美术馆中，在伞形物之下所感受到的崇高感。

并没有足够的证据表明大舍的建筑师也受到这一理论背景的影响，虽然他们对《空间的诗意》等现象学文献的兴趣很有可能产生这样的关联。但是他们在X-微展简介中的最后两句话让我们很乐于做这样的推测：

"'即物即境'，对建筑学本体性建造的讨论或实践立场仍有积极意义，就像简单的架构与覆盖也可以因为与我们身体或脚下大地间的直接性关系而构筑永恒。

那么，我们还相信永恒吗？"[35]

或许没有任何物是永恒的，即使是宇宙。但是对于人的世界来说，物的"大地特性"，它隐退的"无穷的丰富性"是超越时间、超越空间，超越我们可以理解或想象的范畴之内的，这种无法穷尽的神秘性才构成了最深刻的永恒。

结语

"即境即物，即物即境"，这里面出现最多的是"即"字，它表明大舍对自己处于"境物"之间立场的肯定，这两者对于他们来说都是建筑本体中不可或缺的元素。但必须承认，这不过是一种面面俱到、略显圆滑的说法，优秀作品的产生需要坚定的选择，而非在各种重要元素中瞻前顾后。评论分析的目的不是列举所有参与影响的因素，而是试图剥离出建筑师赖以做出决定的本源性倾向，这意味着在境物之间做出肯定的选择。这也是本文强调，甚至是在某种程度上夸大大舍在境物转变上的程度与戏剧性的原因。这当然不是为了贬低"境"而推高"物"，而是想要呼吁人们对"物"这个在"空间范式"中被压制的元素给予更多的重视。通过"物"，建筑师能够更密切地介入意义的游戏，从而让建筑物更亲密地融入生活的故事中。不可否认，"物"的元素及其某些特征从最开始就已经在大舍的作品中出现，东莞理工学院计算机馆、朱氏会所这样的作品也并不容易以境物之别进行划分。但我们仍然愿意冒着这样的风险突出"物"的回归，目的也不仅仅在于肯定大舍设计策略与语汇的拓展。从更广阔的视角看过去，大舍对"物"的探索并不是孑然独行，他们的行动实际上从属于一个群体性的倾向。关注当代中国建筑发展的人们会注意到，对"物"的重视已经越来越明显地成为一些当代建筑师的自觉选择，比如王澍、刘家琨、李晓东、华黎、张轲等。即使从最表面的观察也不难发现，"物"的沉重与厚度在他们近期的代表性作品中传达出极为强烈的声音。在东亚建筑圈中，这些中国建筑师的厚重倾向与日本当代建筑中盛极一时的"轻"形成了明显的反差。而更为有趣的是，在轻重两方，"物"均出现在建筑师的当代话语中，如何解释这一现象，并且探索其内在机制仍然是一个有待研究的问题。

在明星建筑师的光环之外，让我们回到日常，还有另外一些事例令大舍的故事富有吸引力。

清华大学建筑学院二年级设计课的一个题目是幼儿园与老人院，近几年教师们往往用大舍的夏雨幼儿园作为范例来讲解设计思路。每年也总会有好几个学生模仿"离"与"并置"的做法，大舍"即境即物"阶段清晰的操作方法，明确的空间关系，以及典型性的现代主义语汇都非常适合学生们掌握。但是进入"即物即境"阶段的大舍想必不会再有这样的学生缘，龙美术馆这样的作品几乎无法化简为一套简明的设计策略被二年级学生所沿用。

　　但是，这并不意味着大舍新的策略与学生之间的关系变得疏离。在笔者上学期讲授的外国近现代建筑史课程最后，学生们被要求为自己最尊重的建筑师设计一座纪念碑，而最终获得最多敬意的，是康与斯卡帕。

　　"那么，我们还相信永恒吗？"学生们以这样的方式，对大舍的问题做出了回应。

（原载于《世界建筑》第285期，2014年3月，在本书中有所改动）

注释

1 引自"即境即物，即物即境"X-微展前言，哥伦比亚大学北京建筑中心，北京：2013年12月。
2 X-Conference，哥伦比亚大学北京建筑中心，北京：2014年1月18日。
3 引自"即境即物，即物即境"X-微展前言。
4 柳亦春. 离,一种关系的美学.
5 大舍. 大舍 [M]. 北京: 中国建筑工业出版社, 2012: 151.
6 同上: 8.
7 柳亦春. 离,一种关系的美学.
8 大舍. 大舍 [M]. 北京: 中国建筑工业出版社, 2012: 8.
9 DESCARTES. Discourse on the method: of rightly conducting the reason and seeking truth in the sciences [M]. London: HV Publishers, 2008: 17.
10 FORTY. Words and Buildings: A Vocabulary of Modern Architecture [M]. New York, N.Y.: Thames & Hudson, 2000: 256.
11 同上: 265.
12 同上: 256.
13 引自KOYR From the closed world to the infinite universe [M]. USA: John Hopkins Press, 1968: 101.
14 大舍. 大舍 [M]. 北京: 中国建筑工业出版社, 2012: 153.
15 同上: 150.
16 同上.
17 同上.
18 柳亦春. 离,一种关系的美学.
19 FORTY. Words and Buildings: A Vocabulary of Modern Architecture [M]. New York, N.Y.: Thames & Hudson, 2000: 268.
20 柳亦春. 从具体到抽象, 从抽象到具体 [J]. 建筑师, 2013, (161): 115.
21 柳亦春. 像鸟儿那样轻 [J]. 建筑技艺, 2013, (5).
22 同上.
23 同上.
24 伊塔洛·卡尔维诺. 未来千年文学备忘录 [M]. 沈阳: 辽宁教育出版社, 1997: 12.
25 同上: 20.
26 同上: 3.
27 柳亦春. 像鸟儿那样轻 [J]. 建筑技艺, 2013, (5).
28 引自"即境即物，即物即境"X-微展讲座，哥伦比亚大学北京建筑中心，北京：2013年12月24日。
29 见FRAMPTON, CAVA and GRAHAM FOUNDATION FOR ADVANCED STUDIES IN THE FINE ARTS. Studies in Tectonic Culture: The Poetics of Construction in Nineteenth and Twentieth Century Architecture [M]. Cambridge, Mass.: MIT Press, 1995: 16.
30 柳亦春. 架构的意义.
31 引自TYNG. Beginnings: Louis I. Kahn's philosophy of architecture [M]. New York ; Chichester: Wiley, 1984: 175.
32 BACHELARD. The poetics of space [M]. New York: Orion Press, 1964: 24.
33 HEIDEGGER. Basic Writings [M]. Rev. ed. London: Routledge, 1993: 156.
34 同上: 194.
35 引自"即境即物，即物即境"X-微展前言，哥伦比亚大学北京建筑中心，北京：2013年12月。

对境物之间的回应

陈屹峰

2013年底，受哥伦比亚大学北京建筑中心X-Agenda 系列微展的邀请，大舍在京举办了名为"即境即物，即物即境"的建筑个展。"即境即物，即物即境"是我们为筹备展览对过去实践所做的阶段性小结，也是当时我们对建筑学一些基本问题的阶段性思考结果。

　　"何为建筑？建筑师为何？"，经过十多年的实践，我越来越觉得对这两个问题必须要有个肯定的回答，这关乎建筑师自身的创作立场。不然设计只能停留在对项目策略性回应的层面上，或者止步于对建筑师直觉的自发性表达，很难再往前深入一步，达到某种自主状态。并且，对其他建筑师的作品以及当代错综复杂的建筑现象，建筑师也无法进行有效的价值判断。实践之余，自2011年开始我每年都做短时游历，比较系统地体验了柯布西耶、阿尔托、康、卒姆托、西扎、库哈斯等建筑师的作品，也参观了很多现代和当代知名建筑，希望这样的现场感悟能有助于自己寻觅上述两个问题的答案。

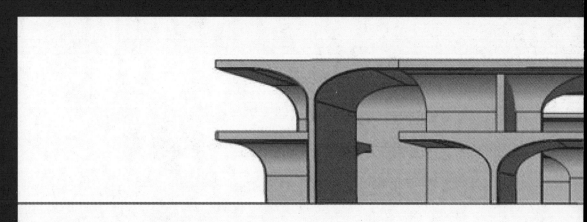

2014年秋我来到波尔图Quinta da Conceição，站在西扎设计的游泳池边，周围空无一人，不时传来阵风拂过树林的声音，一种苍穹之下、大地之上的感觉油然而生。我顿时明白了海德格尔那些关于桥的论述："桥并非首先站到某个位置上，相反，从桥本身而来才首先产生了一个位置"[1]，"桥集结存有成为我们称之为场所的某些地点。然而这些场所在桥出现之前，无法以一个整体而存在，必须借着桥使之显现"[2]。这个位于台地之上的小游泳池是西扎非常早期的作品，尽管建筑语言仍和葡萄牙传统民居有着非常强的关联，尚未形成今天大家所熟悉的扎式风格。但它的介入，使Quinta da Conceição中的这块毫无特征的小台地一下子从无垠的时空之中被分离了出来，让人在这大西洋边茫茫然的场地中感觉有了依靠，有了立足点，因此充满了意义。西扎的这个游泳池和他此后设计的波尔图海边游泳池、SETÚBAL教育学院、波尔图大学建筑学院以及1998年世博会葡萄牙馆等建筑一样，

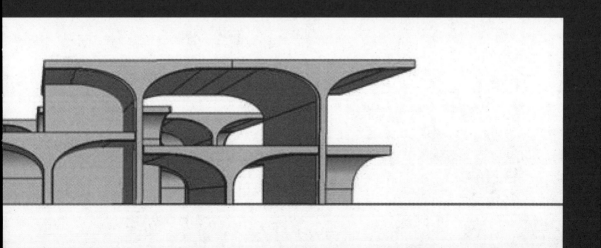

远不止所谓的和场地的关系处理得好，而是它们都和其所在的场地一起创造了一个场所，一个如海德格尔所描述的桥那样的"物"："桥是一个独具方式的物，因为它以那种为天、地、神、人提供一个场所的方式聚集着他们"[3]。

西扎的房子给我很大的启发：建筑既可抽象地被视为空间的组合，也能具象地被看成结构或建造的再现，差异取决于观察视角，但这都是把建筑当作对象来看待。如果换个角度，建筑或许可以理解为海德格尔所说的物。按照海氏的阐述，物意味着聚集，作为"物"的建筑则是提供了一个聚集了天、地、神、人的场所，"这种物乃是住所，但未必是狭义上的居家住房"，"这种物的生产就是筑造"，而"筑造的本质是使栖居"[4]。由此出发，建筑师的工作就是塑造场所，让它们成为人存在于世的一个立足点，并尽可能地接近海德格尔所定义的栖居状态——拥抱大地、接受天空、期待诸神、庇护人类。

今天重读青锋老师写于2014年初的《境物之间：评大舍建筑设计策略的演化》，第一反应是会心一笑，尤其是对"身体与迷宫"那个章节。从我们那时暧昧不清且语焉不详的表述和被诸多现实限制所遮蔽的实践中，青锋老师站在理论的高度厘清了我们的思路。今天读起来的体会比当时要深刻许多，这是因为目前我们的认识又往前进了一步。的确，如果现在再来解释"即境即物，即物即境"，就我个人的心得而言，"物"一定指向场所或者构成场所的具体现象，"境"则是场所的特定氛围或者特性。"物"和"境"不再是二元关系，而是统一在场所这个概念范畴之内。因此，"物"和"境"之间也不用再加上"即"字，我们也就无需左顾右盼，追求面面俱到了。

"优秀作品的产生需要坚定的选择，而非在各种重要元素中瞻前顾后"，这是青锋老师的期许。我想，这个坚定的选择应该是来自建筑师自身清晰而坚定的立场。

注释

1　马丁·海德格尔. 演讲与论文集 [M]. 三联书店, 2011: 160.
2　诺伯格-舒尔茨. 场所精神：迈向建筑现象学 [M]. 华中科技大学出版
　　社, 1995: 18.
3　马丁·海德格尔. 演讲与论文集 [M]. 三联书店, 2011: 162-169.
4　同上.

评论的作用

柳亦春

是大舍在北京哥伦比亚大学建筑研究中心举办的一次个展，青锋通过对大舍的作品以及主持建筑师陈屹峰和我的一些文章以及对话的梳理展开论述，这大概是最全面集中的有关大舍的建筑评述了，作为被评述人，每每读来，都是一次对自己再认识的过程，尤其青锋先生将大舍的作品以及有关论述置于建筑的历史和哲学的背景中，既帮助大舍在更高的层面做了一次难得的总结，也使建筑师在后续的创作中的思考有了更为深入的线索。

　　然而青锋先生的这篇文章也许过多地基于对建筑师作品以及言论的对应，加之建筑师的言论或许对青锋本人的理论研究脉络有着一定的支撑，抑或青锋先生采取了一种非常正面的态度，时隔两年，重读这篇《境物之间——评大舍建筑设计策略的演化》，忽而觉得有些批判不足。作为一个建筑师，自己也常常受邀为别的建筑师的作品写评论，通常也会碰到这些问题，首先要有感，其次会从建筑师的立场看别人的作品，一般都不会采取过于批判的态度。尤其中国人比较讲究情面，一般很难看

到批判性很强的文字。还有的若评者与被评者关系好的，在公开的场面会比较照顾，私下里倒也会直说，对建筑师本人的促进作用是有的，与观者则失去了对批评的作用的观察。所以，在中国的建筑媒体中，甚少看到具有足够批判性的批评，抑或评者与被评者的交锋。也许正是因为青锋先生对大舍作品的非常正面的态度，当他邀请我再为他先前的这篇评述写点反馈性文字的时候，我能去想的就是，时隔两年，我现时的想法和那时的想法是否发生了变化以及究竟发生了怎样的变化？

在那次展览的相关演讲中，我把大舍的创作放到一个有关"境"与"物"的关系中去讨论，正如青锋文中所言，这多少也是有些狡猾的做法，因为所有的建筑作品都可以放到这种关系中去讨论，但是态度确实会因人而异，但也一定都是纠缠不清。仔细回顾一下，两年间对这个问题的认识也确实发生了一定的变化，态度也变得较为肯定。那就是，"境"应该是作为目的，"物"则作为一个结果。"境"会更多地与场地、氛围有关，场地是既有的东西，是建筑应该尊重的东西，是需要建筑师深入挖掘并加以提炼的东西，所以我更同意城市笔记

人（刘东洋）给这个词所译的英文词"Situated-
ness"，它和地点、情境相关，这个词也许会把关
于建筑设计的讨论引入有关人类学的内容，这一部
分确实是我最近比较关心的。毫无疑问，当代建筑
的讨论更多地被城市与社会的内容所占据，文学也
一样，今天的作家已经基本不再观察自然了，在城
市文化中，自然确实都处于隐形的状态，当代作家
的小说，几乎很少有关于自然的细部。即便回到20
世纪20年代的汉语作者，比如张爱玲的小说里，自
然要素也就只剩下季节、气候、光影，你很少看到
农田、沟渠、树木，更多的是电车、咖啡店、转角
的店铺等，那是因为在城市里，地形和自然的要素
都被无限地细分化了，但并不是地形和自然没有了，
而是你无法直接感知到自然的完整性。由于龙美术
馆的设计建造，大舍的一些建筑的地点，包括大舍
自己的新办公室都逐渐集中到上海黄浦江的沿岸附
近，这逐渐引出黄浦江作为上海保存相对完整的历
史自然，它对上海会意味着什么样的思考，它的岸
边，曾经满是工厂、码头的另一种历史形成的或可
称为第二自然的地形对上海又意味着什么？我曾经
读过城市笔记人翻译的日本学者阵内秀信的《东京，

一种空间的人类学》，当我读到阵内从现时东京的街道和地形仍能读出了江户时代的地形地貌时，不由觉得将此"境"作为目的是足以对当代城市构成一种批判的，这也让我逐渐开始珍视对于上海那些细小尺度的城市肌理的观察，一道弯曲的围墙很可能就是旧时沟渠的弯道。地形与城市都将被纳入有关"境"的内里研究。

这时，回过头来，建筑师具体的设计任务，关于造"物"，如何回应先前的"境"就变成一种有目的的行为了，除了"即境"，造物本身的规律性，建筑作为"物"，其结构仍然是我目前最关心的内容，建立"物"的结构与最后的"即境"（或者"不即境"）的目的性之关联，是我所定义的设计内容的一个非常重要的根本所在。也许此时，我们可以更好地理解海德格尔关于那把"壶"的论述，壶的虚空形式是为了盛水倒水之用，倒水是一种"馈赠"，"馈赠"才是真正的目的，才完成壶作为物的意义。

评论就像一面镜子，比较正面的时候，建筑师可以照到自己，评论家也可以照到自己，如果侧过来，还可以照到别人，以及更远的地方。思想都是在交流中产生的。

海与光：南戴河海边图书馆的两面

小路

直向建筑主持人董功设计的南戴河海边图书馆位于一片沙滩上。业主与建筑师正在讨论是否要修一条小路穿过沙滩通向图书馆。业主认为有必要，而建筑师则并不情愿。悬而未决的状态之下，人们只能踩着沙滩步行数十米走进图书馆，有时需要在门前脱鞋抖落沙子。有的人开始抱怨这并不便利，但便利并不是建筑唯一的诉求，就像民政局办证的便利并不能替代婚庆典礼，人们仍然需要仪式的操劳来表现对价值的尊重。忍受沙子的纷扰也可以被看作进入图书馆之前的仪式，是否应该抱怨取决于图书馆是否具备足够的价值，能值得我们低头整理的片刻时光。

然而，仪式感并不是建筑师拒绝小路的理由。董功的坚持在于，一条小路将会清晰地标定起点、终点、方向以及联系，从而使图书馆的立足处成为一个明确的"地点"，将建筑"锚固"在方向感并不明确的沙滩之上，而这恰恰是建筑师想要抵御的。他希望建筑与场地的关系是偶然的、不明确的，它应该像是"放在那儿，而不是从那儿长出来的"。在今天中国建筑界普遍对于地域性特征青睐有加的背景下，董功的这一观点多少有些不同寻常。传统现代主义建筑出于对独立自足（autonomy）的迷恋而忽视与场所的联系向来是备受攻击的弱点，董功的选择并非重蹈覆辙，而是对特定场所的一种特定反应——如何面对海。

更确切地说是北方初春时节的海。建筑师在2014年3月第一次现场踏勘，"天阴，云色清冽，云隙中偶尔透下一束阳光，转瞬即逝。海是凝重的铅灰色，海浪有节奏地涌向沙滩，浪声低而远。"[1]或许没有人能比格哈德·里希特（Gerhard Richter）更敏锐地捕捉到北方海域的阴沉与凝重，这是他从20世纪60年代开始的一系列画作中反复出现的主题。一条水平线横穿画面，线上的云层与线下的波涛更突显出水平线的平静与无限（图1）。这是寒冷的北方所常见的海景，建筑师与画家所看到的不是清晰分明的春暖花开，而是云与海的含混以及海平面在含混中

〈图1〉

　　的无限延展。这两者都让我们难以分辨和把握海的范畴，它变得更为宏大，更为沉郁，也更为抽象。面对这样的海，建筑有两种策略，一种是转化为礁石，坚定地凝固在大地之上，用击碎每一个波浪的方式来反抗海的广大与难以捉摸；另一种是放弃对大地的依赖，并不通过"锚固"来标定海域，加以限定，而是直面作为整体的海，接受海的抽象性、普遍性，不再借助地点的确定性来给予安全感，建筑孤身面对海的宏大。对小路的拒绝就出自这一姿态，它弱化了建筑与陆地的关系，却强化了面对海的漂浮感，这种姿态必然是孤独而强硬的，这也是很多人愿意称它为"最孤独的图书馆"的原因，只不过孤独仅仅只是一个附带的结果，根本的动机是对海的认知与应对（图2）。

窗

　　董功的图书馆并不是这片海滩上最早的建筑。在此之前当地的渔民已经搭建了一些临时性的棚屋，供捕鱼季节使用。因为年久失修，很多棚屋日渐破败，门窗都已腐坏，仅仅留下一些最坚固的建筑元素——墙与顶。这些接近于废墟状态的小房子与后来图书馆的关联是显而易见的，时间磨砺后留下的质朴与坚硬直接凝固在图书馆完全裸露的混凝土墙壁与屋顶中，木模板留下的纹理如化石一般记录了建造的逻辑。但更为关键的是，这些小房子以它们的存在为建筑师提供了如何面对海的建议。

　　董功谈到，走进其中一个小房子，在昏暗的室内，透过已经脱掉了窗扇的洞口看到远处的海，一切都被放大了，变得格外强烈，甚至呈现出一种绝对性。这要归因于海的存在，无尽的海平面是人们在自然界中能够最直接感受到"无垠"概念的元素，它甚至比夜空更为强烈，因为它清晰可见，而又无法穷尽。这种绝

〈图2〉

对的无限，令任何有限的关联都变得弱化，尤其在强烈的光线与视觉内涵的反差下，每一个元素都被拖离背景，变得更为独立和纯粹，也就更为强烈。在外部，建筑师对小路的拒绝已然实现了这种脱离的效果，而在建筑内部，小屋也由此脱离了捕鱼的使用功能，被还原为最原初的窗与房间。从某种程度上，这类似于胡塞尔（Husserl）所提出的"悬置"（*Epoché*），抛离周边不重要的因素，让最本质的东西浮现出来。那些喜欢在海边想问题的人对这种效果最为熟悉。

不仅是建筑变得强烈，站在小屋内，透过窗口看向大海这种行为，使得观察者本身也都变得更为鲜明、更为自觉。当视觉刺激不再是漫无边际地弥漫四周，而是透过一个确定的框架（frame）限定和展现出来，一方面强化了对观看对象的聚焦，另一方面也令观看行为变得更具有目的性。因为只有站在某个确定的地点，透过某个特定框架，看向某个特定的目标，这样的场景才会出现。而任何条件的改变，则会相应带来观看效果的明显变化，比如移动观察者的位置。换句话说，框架的存在使人们更强烈地感知到观看行为所依赖的结构性条件，意识到观看是一种控制和建构的结果，而不是简单的直觉。这些条件既包括框架本身与空间关系，也包括那个隐藏在图像背后的视点——观察者自身。阿尔布雷特·丢勒（Albrecht Dürer）的经典版画准确地描绘了视点、框架、被观察事物之间的关系，（见"虚无时代的评论策略"图3）也解释了为何从文艺复兴以来，关于透视（perspective）的讨论会越来越多地与主体性（subjectivity）的哲学问题相关联[2]。

与其说是小屋与窗，不如说是在屋中透过窗口观看大海这一行为，为董功此后的设计提供了一种模式（model）。他的图书馆孤身面对无垠海面的方式，是将海转化为观看行为的一个组成部分，这当然是对海的某种控制与限定，但更重要的是，建筑师得以开始自己的工作。你无法操作海，但是可以精确地定义框架与视点，图书馆的设计由此回到了建筑师最擅长的领域中。或许我们不能说董功刻意切断了建筑与地点的联系，只不过这种联系不再体现为外围的物理关联，而是附着在渔民小屋所提示的行为图示（schema）当中。

房间

有了上述前提，董功余下的工作在逻辑上清晰简明，"设计是从剖面开始的……我们依据每个空间功能需求的不同，来设定空间和海的具体关系。"[3]这里所指的剖面，是一系列东西向的断面，方向性显然由海决定，而剩余的则归因于建筑师。早期草图上标注的①②③④实际上是4个不同"房间"的东西断面（图3），建筑的主体也就由这4个房间组成。草图上的小人标明了房间与人的关系，而你必须在脑海中设想草图左向不远处大海的无限延展，才能体验这些线段的具体内涵。

在4个房间的排布上，建筑师选择了最简单明了的方式，沿着建筑长向依次排布。在这个方向上，建筑依照严格的模数轴线进行划分，整个建筑可以被划分为六间，①号阅读室占据南侧四间，②③冥想室与室外平台斜向均分一间，④活动室位于最北侧的一间。其中阅览室两层通高，其他3个主要房间均位于二层，它们下面的区域留给入口、门房以及后勤服务，而阅览室最南侧一间的一层则留空成为开放的室外通廊。

图书馆这种房间布局能够清晰地在建筑面向大海的东立面上阅读出来（图4）。第一层均匀的窗间隔墙展现了严格的均分关系，而第二层3个性格迥异的体块并肩排布，提示出不同的房间品质，一道竖向窄缝暗示了对室外平台的期待。这4种有着强烈反差的元素，再加上左下角的空廊，凭借均匀开间的约束，并未形成武断的冲突。一个自蒙德里安以来就被现代主义建筑师们反复利用的技巧，又一次得到典型的阐释。

这种线性的排列关系毫无疑问是克制和必要的，它确立了4个主要房间之间的简明关系，压缩了交通与过渡元素的影响力。此种处理的合理性在于，这4个房

〈图3〉

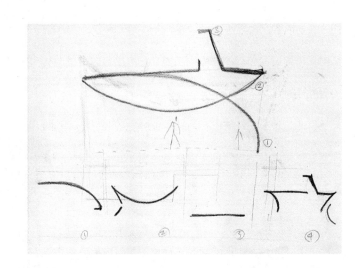

〈图4〉

间本身的内容已经足够强烈，进一步的干扰将会造成内容的过度，从而失去重点。同时，压缩过渡领域的做法也使得穿行房屋之间的体验转变更为强烈。房间本身成为主导的元素。

因此，整个建筑最主要的品质由4个房间的体验组成，而4个房间所享有的共同点也就是此前所提到的人、框架、海之间的视觉关系。如果我们沿着公共道路从南边进入图书馆，最后走进活动室，就能完整地感受这个小建筑所创造的异常丰富的多重体验。

首先，观察者所注意到的是建筑一层最南侧的空廊，它形成一个完整的矩形框景，人们由此第一次通过建筑的围合看向早已熟悉、但经此过滤又变得不那么熟悉的海面。矩形空洞本身其实并不那么强烈，但是图书馆西侧立面的厚重与密实通过对比凸显了空廊的通透性。作为起点，这个室外"房间"已经暗示了整个建筑的主题（图5）。

由于缺乏轴线的提示，西立面并不像东立面那样易于理解。二层展现为两个封闭的混凝土块，透露出来的缝隙并不足以使人感知内部的场景。一层墙面的退进、竹材的铺面、以及长凳的设置弱化了二层体块的抗拒性，含蓄地显露出欢迎的姿态。一道开有窗洞的独立片墙促使人们揣测入口的存在，墙上洞口显然是对窗的类型的再次强调。只是相比于建筑西面整体的完整与厚重，这道墙体似乎有些过于单薄（图6）。

入口部分2.5m的层高成功塑造了私密的围合感，戏剧化地放大了转向南侧阅览室通高空间的惊奇。西侧立面严密的保护性拒绝在阅览室得到了印证，一个完全无法从外部猜测的洞穴式房间。尽管整个阅览室的东立面都面向大海，但董功将这个房间最重要的面向海的位置设置在三层阅览平台的最上层（图7）。在那里，坐在靠墙长椅上的人们透过一个通长的混凝土框看向远方的大海。为了避免竖向支撑的干扰，建筑师采用了纵向桁架，桁架杆件透过玻璃砖隐约向观察者们呈现。

当人们顺着沿墙的台阶抵达这里，最回头看向大海，就会立刻意识到这是整个建筑的核心层（*piano nobile*）[4]，不仅占据最高和最核心的位置，更为重要的是，观看海这一行为的结构特征也被放大到最鲜明的程度（图8）。在地面上，比如前面提到的空廊，人视点、框架与海的关系仍然是被大地所联系的，而在核心层，视点、悬于空中的混凝土景框，以及远处的海面都因为高度的变化而被转化为三种联系更为薄弱的元素，如同前文提到的悬置一般，三种元素自身变得更为独立也更为纯粹。曲线墙面的方向性自然而然地推进了这种观看倾向，并且提供一种庇护，使观看变得更为安稳。

阅览室一旁的冥想室几乎是阅览室的反转，曲线屋顶向下弯曲，更强烈地逼迫人们转向东方的海面。不同于阅览室对光线与海景的慷慨，无需为阅读所考虑的冥想室用一道30cm高的横向窄缝同时将光与海限定在一个黑暗的环境中。海的延展被窄缝严厉地约束住了，无限被驯服为片段，建筑的控制力得以强硬地展现（图9）。视点、框架与海之间的力量均衡转向了前两者。一旁的室外平台有着类似的姿态，海的水平线被更为粗暴地压制在一道竖向窄缝中，近乎消失在混凝土墙体的纹理与光影效果之中（图10）。

经历过这两个房间中紧张的对峙，在活动室里建筑与海的关系变得缓和，阳台成为房间与海之间的缓冲地带，混凝土阳台栏板也起到了分隔的作用，而房间西侧复杂的空间与光线变化则有效地让观察者将注意力转向墙上的光影，海成为一个次要而温和的元素。

可以看到，这一系列的"房间"各自定义了不同的人、建筑、海的关系。实际上，建筑师对凝视这一行为图示的挖掘并不仅仅限于海这一个对象。不同房间之间，也可以成为相互凝视的对象。从空廊往阅读室，从冥想室往阅读室，从阅读室往南向的海滩，以及建筑各处大量存在的30cm窄缝，都在不断重复和强化这一图示（图11）。房间之间的强烈差异以及框架的纯粹和独立给予这个建筑超乎寻

图5：一层南侧空廊（图片来源：直
向建筑提供）
图6：西立面（图片来源：直向建筑
提供）

〈图5〉

〈图6〉

图7：阅览室（图片来源：直向建筑
提供）
图8：从阅览室顶层看向大海（图片
来源：直向建筑提供）

海与光：南戴河海边图书馆的两面

- 187 -

〈图7〉

〈图8〉

图9：冥想室（图片来源：直向建筑
提供）
图10：室外平台（图片来源：直向建
筑提供）

〈图9〉

〈图10〉

〈图 11〉

常的多样化视角。建筑孤身面对大海的结果，是更强有力的内部塑造与控制，同时也意味着对人的体验更明确地引导与限定。

具体

海边图书馆并不是董功第一次涉及海的主题，早在营口鲅鱼圈万科展示中心项目中，与海的关系已经是设计最主要的线索。但恰恰是这种相似的前提，才能体现建筑师处理上的差异。从营口到海边图书馆，实际上体现了直向建筑近来实践体系中一个重要的转变，用董功的话来说就是变得更为"具体"。

"具体"虽然是一个常用词汇，但是用在设计策略的描述上仍然需要更深入的分析。通常，"具体"被用来对立于"抽象"，而后者却是建筑界中更为熟悉的词汇，因为抽象是现代主义运动的核心特征之一。无论是实践中的建筑元素还是理论中的概念术语，现代主义相比于之前任何时期都更为抽象，更远离传统与日常使用理解。一个典型的例子是"空间"的概念，这个几乎已经成为建筑同义词的概念实际上是从19世纪开始，由德国古典美学理论启发，再加上现代抽象艺术的辅佐，而成为现代主义建筑理论的核心概念[5]。

以这种对比为基础，我们可以说直向此前的作品更为接近现代主义典范，也更为抽象，而海边图书馆则体现出不同的倾向。以营口项目为例可以很好地说明这种转变。这个建筑的第四层是一个开放的平台，游客可以沿着台阶步道上到这里，越过广场，眺望远处的海面。在行为图示上，营口项目与海边图书馆是同一的，但是因为在一些具体元素上的差异，两个建筑给人的体验大相径庭。在海边图书馆，视点、框架与海的关系经过充分的限定而变得强烈和明确，但是在营口，这种关系就要弱很多。首先，房间的围合感消失了，营口的开放平台所突显的是空间的开放性与流动性，而非房间的限定与明确氛围；其次，因为尺度的巨大和缺乏更精细的限定，框架的元素近乎消失，观察者几乎直接面对远处的海面，也就无法实现前文所说对建筑与自身的自觉；最后，半光滑的铝板以及墙面上大量的空洞进一步削弱了建筑墙与顶的实体感，它们与常规现代主义元素的密切亲缘关系也难以在观察者眼中唤起不同注意力。简单地说，营口项目虽然提供了观海的条件，但是对于观看行为本身仍然刻画不足，经典现代主义语汇与材料的使用停留在观海这一抽象概念的实现之上，而没有对具体的观看情境以及不同的体验内涵做更多的处理和充实，这也是营口项目与海边图书馆最显著的不同。

必须承认，相比于其他很多建筑师，直向在对经典现代主义主题的阐释上已经要具体得多了，在这里具体是指更为详细，更为注重细节。这一点尤其体现在昆山采摘亭等项目对结构、材料、透明性等细节的关注当中，也正是凭借这种细腻的关注，直向的这些项目获得了人们的肯定。但不可否认，这些元素及其操作方式仍然从属于经典现代主义的范畴，也就先天地带有现代主义的抽象性特征。例如采摘亭的通透与开放显然回应了密斯对"几近空无"（almost nothing）的热衷，而密斯的意图是通过纯粹的空间与绝对的整洁来体现完美秩序的理念，这种柏拉图式的纪念性，与具体行为中所蕴含的七情六欲很难相互调和。

对现代主义过度抽象性的不满甚至早已存在于现代主义大师在作品中，一个明显的指标是有着确定边界与确定氛围的"房间"重新取代开放和匀质的"空间"成为建筑的核心构成。勒·柯布西耶战后的朗香教堂与拉图雷特修道院就是"房间"的杰作，而路易斯·康（Louis Kahn）"建筑起源于房间"的名言或许直接受到赖特早先类似表述的影响[6]。批判性地域主义的兴起也是这种不满的另外一种体现。

因此，我们可以说海边图书馆体现了董功对"房间"这一更为具体的元素的，超越以往的重视。从前面的分析中已经看到，建筑师如何对4个房间的尺度、形态、观海的方位与视角、框架的位置与大小、观察的氛围，以及变化的光线条件进行了分别化的处理。高密度的干涉体现出建筑师对行为及其情境进行更全面的调控。也正是通过这种调控，建筑师得以迈出现代主义范式的约束，寻找一种更确凿的建筑语汇。这已经不是单个建筑作品的变异，而是整体设计策略，乃至于思想倾向的转变。

之所以这样说，是因为"具体"的概念还可以有另一种解释，它将有助于我们理解海边图书馆的另一个层面——它的"意义"。要阐明这一点，我们需要将"具体"的概念转译到它的英文译词embodied，这个词的原意是em+body，em在古法语中意味进入（in，into），而body则是身体。因此embodied的原意是处于进入身体之中的状态，而今天主要是指一种思想或者一种状态中密切结合了"身体"的元素。而在当代哲学讨论中，embodied也不再限于"身体"的物质成分，也涵盖了人的其他限定性的元素，比如她不可避免的死亡，多变的情绪，行为的目的，传统的影响等。从这一角度看来，"具体"一词可以像embodied一样分解为"具+体"，所强调的东西则是要结合人的身体特性以及其他限定性元素来考虑，而不是像柏拉图与笛卡尔那样，只看重纯粹和独立的灵魂与精神。

实际上，在前面"窗"那一节的讨论中，已经涉及了这第二种含义的"具体"。我们提到小屋的窗与房间使得观看行为本身显明起来，同时也使得观察者对自身的存在更为自觉。这种自觉就是"具体"的，因为你意识到自己不是飘浮在空中的任意视角，而是被特定的立足点，特定的眼光所圈定的观察者。更为重要的是，这不是一个空虚中立的抽象观察者，而是一个有着喜怒哀乐的人，看向大海的行为背后还需要挖掘的是看到的内容与理解，也就是"意义"。

海

海对于观察者有什么样的意义？通过建筑转化之后，又具备什么新的意义？这两个问题对于理解海边图书馆的感染力至关重要。

　　要讨论这两个问题，我们需要回到里希特的绘画，因为那可能更接近于董功在初春看到的阴沉的渤海。里希特的画很显然继承了德国表现主义传统的某种气质，密布的乌云，昏暗的颜色，以及清晰而绝对的地平线（horizon），画面传达出一种阴郁与不安的情绪。这种情绪从何而来，当然来自于海，但这并不是全部，更准确地说应该是来自于对人与海相互关系的反思。德国哲学家汉斯·布鲁门伯格（Hans Blumenberg）将这种不安（Angst）解释为对"现实绝对主义"（absolutism of reality）的反应。他写道，当人的祖先"抛开所有体内器官功能上的局限，以双脚直立的方式站立起来——也就离开了更为隐蔽、更为适应的生活方式的保护，使自己冒险面对被拓展的感知的地平线"时，最初所获得的是一种焦虑，因为人意识到"他接近于无法控制他存在的条件，更为重要的是，他相信他根本没有控制它们的能力"。现实成为一个完全无法控制、无法应对的绝对性事物，因此被称为"现实绝对主义"。这时人们甚至还没有一个具体而明确的对象去感到恐惧，因此处于没有确定目标的焦虑之中[7]。布鲁门伯格指出，这种焦虑并不仅仅存在于祖先身上，而是会一直存在下去。任何时候我们认识到自己的限度，认识到自己的脆弱，认识到我们自身的存在还有太多无法驾驭的因素，就会感受到相近的"现实绝对主义"。而里希特的画作绝妙地展现了这种不安，没有什么事物能够比无限阴沉的大海更鲜明地衬托出我们自身的渺小，我们面对绝对现实的无助。蒙克（Munch）的《尖叫》（Scream）更强烈地渲染了绝望的情绪，这或许并不是一个偶然，《尖叫》所描绘的同样是海边的场景。

　　如果说直接面对阴沉的大海，所感受的是"现实绝对主义"所引发的不安，那么人们应该怎样应对，建筑应该怎样产生作用？布鲁门伯格的解答是"文化"（culture），最初体现为神话，此后逐渐让位给科学，但作用是类似的，让无法掌握的现实变得可以被掌握，可以被理解。在神话中是将那些不可控的因素归因于某个具体的神祇，进而可以通过祭祀等手段消化和接受它们。科学的作用也类似，我们将现实加以分类，用各种概念分别给予定义，再通过分析不同概念之间的关系，实现对现实的理解与掌控。同时，这两者的局限也是相近的，无论是神话还是科学，我们永远不能说它们真的体现了现实的所有情形。简单地说，我们利用文化使不可控的变得可控，使无限变得具体，使人在某种程度上摆脱焦虑，进而继续"冒险面对扩展的地平线"存在下去。

这种"具体"化的操作，当我们站在渔民小屋中，透过窗口看向大海时就已经感受到了。这并不是一个简单的看海，重要的是这个行为背后的价值与意义。通过建筑，通过房间与窗，我们获得了某种保护与限定，得以直面海的无限所带来的"现实绝对主义"威胁，进而在"文化"所建构的人文世界中，继续生活。作为文化的载体，海边图书馆的功能与这一主题完美地契合在一起。

回想4个房间的设计，我们能够很清晰地阅读出建筑的保护。在阅览室，三面混凝土墙的紧密围合再加上曲面的顶，使人置身于坚固的洞穴之中，这恰恰是人类最早的居住选择之一，也是应对现实无尽延展，无穷威胁的最初措施。曲面墙体将横向的屋顶延展逐渐转化为竖向的墙壁，直至我们触手可及的身边，从无边的水平线到人们站立时所熟知的竖向性，这道墙象征性地展现了难以把握的现实如何被转化为可触可及的事物。海本身则通过三层框景的不同过滤而成为凝视关系的一部分，不再是漫无边际。

冥想室的昏暗光线以及更完整的围合进一步强化了洞穴的安全感，而海也受到更严格的管控。当你真的坐下，实际上已经无法看到海，视线被引向透过窗孔看到的阅读室，这是一个温暖而熟悉的人的世界，在这个世界中，人们的思想才得以逐渐繁衍。或许这个房间不一定真的有人坐下冥想，但这个命名的确与建筑的氛围相互切合。

在室外平台，海的水平性已经被墙体与窄缝粗暴的竖向性（verticality）所战胜，如卡斯腾·哈里斯（Karsten Harries）所说，在人类几乎所有文化中，竖向性都被用来象征自我肯定的英雄姿态，比如高塔"坚强地植根于景观中，它们树立中心，在空间中夺取出地点（place），向上伸展直至天堂"。[8]而这种英雄性的来源，则与人的直立相关，如果说水平性属于大地与海，属于顺从于臣服，那么竖向性就属于人，属于勇气与坚毅。

最后在活动室，海让位于光。经过驯服与压制的海已经失去了威胁，人们的注意力被西侧屋顶与墙面所塑造的丰富光影效果所占据。纯粹的混凝土材质以及粗糙的表面有效地强化了光线的效果，关注的焦点不再是现实的无限，而是在光线效果下，现实的多样性与无穷变化。在这里，对抗的焦虑不复存在，人们更乐于抱有好奇心，安静地等待光线游走之下事物展现的不同状况，这是一种平静与期待，一种与自然和现实的调和。

光

如果说海在这个项目中的作用之一是为一种哲学性的解读提供了线索的话，那么另外一个具有丰富形而上学内涵的元素——光，所起到的作用几乎等量齐观。

光线在西方建筑传统中的象征性内涵无需敷述，从金字塔、万神庙到圣丹尼斯、朗香教堂与金贝尔美术馆，再到加利西亚现代艺术中心与格拉斯哥艺术学院新系馆，光作为拥有浓厚文化沉淀的元素，一直是人文主义建筑师们所热衷的语汇。这种关联也与人的感知有关。无论在东方还是西方，人们都将视觉作为获得知识，理解世界的典范。东方成语中有"眼见为实"，而西方斯多葛主义者（Stoicism）坚持地球处于宇宙的中心，所以人可以看到并理解周边的整个宇宙。对于他们来说，看见就意味着了解，而了解就能导向真理，导向本质。因此"知识并不对应于嗅觉与听觉，而是对应于视觉"[9]。而这一切感知与认识的基本前提，是光，或者根据海德格尔更为准确的分析："光，$\varphi\omega\varsigma$，lumen，并不是光源，而是光明（brightness）……它使事物显现在观看之前，它赋予看（look）以看见（seeing），后者是指通过视觉感知的较为狭窄的含义。"[10]即使我们略过这些词句的现象学背景，也能体会到海德格尔所强调的基本论点，"光"并不是另外一种事物，而是使得事物显现的一个形而上学的条件，它具有一种超越其他普通事物的更为根本、更为必然的地位，这也是此后西方建筑传统中光的象征性内涵的哲学基础。同样，这也有助于我们理解康那些令人费解的话，比如："我感觉到光是所有存在（presence）的给予者，而材料是耗费的光。"[11]对于一个古典主义者来说，这些话近乎顺理成章。只需对建筑史稍有了解，就不难发现，光的特殊处理往往出自像康这样具有深厚哲学气质的建筑师，而具体到建筑物上则往往出现于宗教设施、美术馆、纪念性建筑等构建了"文化"主体的案例上。

因此，在海边图书馆这样的文化项目中突出光的处理并不怎么出人意料，而建筑师董功对光的特殊兴趣也可以追溯到学生时代师从亨利·普鲁默（Henry Plummer）所受的影响。但就像前面所谈的如何处理与海的关系，图书馆的特殊之处不在于主题的新奇，而是更为"具体"的对光的处理。从这一方面来说，这一项目也可以看作直向建筑一个转折性的作品。此前的作品中，直向对光的处理主要集中在"透明性"的操作上，通过对一个完整透光面添加不同的材料层次来造成不同程度的透光效果。瑞士水泥公司中国中部的磨砂玻璃墙、瞬间城市——合肥东大街售楼处的网状格栅、昆山有机农场的竖向木条、鲅鱼圈万科品牌展示中心的打孔墙，这些项目所营造的是光线不同程度的穿透效果，而不是光线之下物的呈现。

但是在海边图书馆以及最近完成的济南小清河湿地公园青少年拓展营地设计中，董功转向了另一种更为直接、也更为强烈的关注——光与影、明与暗、以及这样条件下可见的事物。剧烈的光影反差成为区别直向此前与近期项目的一个知觉标准，半透明、半通透的折衷与含混让位于毫无犹疑的明暗之分。这种转变也可以借助此前的讨论来理解，同样是海德格尔写道，"黑暗只是光的一种有限情况，因此仍然具备光明的特征：一种不再容许任何东西穿透的，从事物身上带走可见性，未能达成可见的光明。"[12]他认为在这个意义上，黑暗才是真正的"不透明"（untransparent）。如果照此理解，直向仍然保持了对透明性的兴趣，只是回到了更为根本的透明与不透明。

海德格尔这段话的内涵在于强调光明与黑暗作为觉察存在之物的先觉条件，而不是将它们本身视为可视对象。这意味着重心从明亮与昏暗本身转向它们使你看到，或者是使你不能看到的事物。这一效果在图书馆活动室西侧的光线处理上体现得极为典型（图12）。透过复杂的形体塑造，董功在房间的端头成功营造出相当惊人的光线效果，以至于人们下意识地将这一区域空出来，不做实际使用，仅余回首观望。所有这些努力的获益者是混凝土，光线即使在下午成功穿透西向天窗在墙上标刻出自身的边界，也不过是为混凝土墙增加另外一个可见的层次。在这样一个小房间中，展现出如此密集的色彩、明暗与光影形状，在当下的中国建筑实践中并不多见。从最上层的冷峻到中部的暗淡，再往下门框上顶面墙体的双面反差与木色映射，最后是下部墙体的温暖坦诚，以常规的视角甚至会怀疑如此浓烈的效果是否应该在这样规模的项目中出现。而出于教师的偏见，我的确赞赏它所提供的让学生们体会到混凝土多重性格的机会。

混凝土也是冥想室和室外平台两道竖向窄缝的被服务对象。因为这两个房间之间的分割是一道东北至西南向的斜墙，在上下午有不同的时刻光会逐渐移动到与墙面平行的状态，使得墙面上木模板留下的凹凸纹理与毛刺逐步展现出越来越明显的阴影，直至最强烈一刻，混凝土的质感与温度已经完全被木头的肌理所掩盖，原本呈现为浇筑一体的墙体，分解为木板的拼叠（图13）。在这种时刻，已经很难分清这样的处理是诚实还是欺骗，或许还是康的话最为有力，"自然记录事物是如何被创造的"[13]，这是一种事实，而诚实与欺骗，只不过是人们附加的道德判

〈图 12〉

〈图 13〉

断而已。

　　在海边图书馆，对光的尊重并未停留在泛泛的原则重复，而是更为"具体"地落在了光在古典哲学体系中所承担的"使事物显现"的作用之上。同样，这里的"具体"也有两个方面，一方面是更为明确的光线效果和有着更强实体性的光线承载物，另一方面则是通过"使事物显现"，强化了被欣赏的对象，从而可以使观看活动变得更为自觉，人们对自身的觉知也就变得更为"具体"。在这后一个层面，无论是光，还是海，都不被视为独立的外在事物，而是一种观看行为的一部分，一种"具体"（embodied）行为的一部分。观看本身也应当被还原到它的古典含义：对知识、对本质、对真理的觉察。这当然不意味着在海边图书馆能够额外地学到多少科学知识，而是说在特定的建筑中，人们可以引导着对事物、对知识、对本质、对真理进行更多的反思。

结语：两面

　　海与光，构成了海边图书馆最重要的两个主题。这给予图书馆一种两面性，戏剧化地体现在东西两面的差异上。如果东立面的主导性题材是海，那么西立面的主角更接近于光。不仅是在活动室，阅览室弧形顶面与西面墙体的密切关联，也使得顶面圆孔中泻入的光斑与横向长缝所引入的黄昏光线形成更紧密的亲缘关系。前者在下午缓慢浮现在阅览室，并逐渐隐退，后者在落日之前让光线直接扫过二层的地面，并作为终结，开启夜晚的来临。或许是为了凸显这两个立面的各自特点，建筑的南北立面保持了高度的朴素与克制，除了诚实展现剖面形状之外，几乎不再发出任何强烈的声音。纯粹性是我们能在图书馆结构与材料上直接阅读到的特征，更为仔细的分析能够展现它在从场地选择到立面处理上无处不在的影响。

　　另外一种两面性更多地内涵于上面的分析。我们一方面强调了董功所谈的"具体"，但另一方面我们又谈到了很多抽象和模糊的东西，比如"现实绝对主义"、观看的自觉、"使事物显现"，对知识与真理的反思等。具体与抽象，这对常识性的矛盾会很自然地引发本文读者的质疑。很显然，质疑的对象并不是建筑本身，而是笔者对建筑的解读，或者是笔者自身的体验。但我们也认同，好的建筑之所以好，就在于能够给人难以忘怀的体验。任何人都能体会到海边图书馆的特殊氛围，而本文作者则试图分析这种氛围到底特殊在何处。在这一点上，抽象与具体的并存与其说是一种矛盾，不如说是一种关联，海边图书馆的价值之一就在于通过具体的处理，让人们对抽象的事情有了更多的体验。普通游客蜂拥而至，但你很少听到他们对建筑有多少具体的评价，这或许并不是无话可说，也有可能是没有话语可以描述，"最重要的东西无论如何均无法被谈论"[14]，密斯只不过是众多表达过类似观点的大师中的一位。而哲学家的任务则是尽量使那些"无法被谈论"的东西也可以借助概念与体系变得可以被理解，这就像布鲁门伯格所提到的，通过神话、通过文化，无法被谈论、无法把握的"现实绝对主义"可以被应对，为存在创造出"呼吸空间"（breathing space）。

　　这也是为何笔者要大量借助海德格尔的观点与论述来解释海边图书馆，因为从具体抵达抽象也正是这位德国哲学家的思想结构。他的《存在于时间》（Being and Time）一书主体论述的是"此在"（Dasein，用并不准确的话说，是人的存在），而此后对艺术、对真理、对形而上学、对安居这些复杂抽象问题的解释，也都奠基于"此在"的存在特性（existential）之上。哲学家用他毕生的理论体系建构，说明了最抽象的问题恰恰需要最具体的起点。我们也得以借用这一体系来解释自己对海边图书馆的感受。

　　海边图书馆的海和光虽然是两种事物，但是两者都具有极为抽象的象征性内涵，而我们的解释也不约而同地回到"具体"上，也就是我们能在这两种抽象元素周围看到什么。有趣的是，这两种元素让我们看到了两种有些冲突的是内涵，一个是无尽的现实可以被文化所约束和把握，另一个则是普通的现实之物，如混凝土，其实拥有超乎想象的潜在可能性。一个告诉我们如何限定，而另一个则告诉我们如何突破限定。这两者其实并不冲突，更像是从两个极端往中道的调和靠拢，让我们能够战胜现实的绝对，但同时也避免将现实看作已被完全控制，可以随意遣用的资源。

依据这种解释，海边图书馆是一个具备明显象征性内涵的建筑，只不过这里的象征不应被理解为符号的指代，而是通过"具体"之物，指向对一些抽象因素、难以言说的因素的觉知与反思。图书馆本身应该是被阅读的对象。当然这并不意味着对实用性的忽视。这座建筑实际上应该被命名为"读书馆"，因为它的藏书量难以与常规图书馆相提并论，但是它关怀一种被其他绝大多数图书馆所忽视的实用活动——读书。除了提供简单的桌椅与灯光之外，通常的图书馆往往对读书氛围的营造不屑一顾。当康决定改变这一常规，就出现了伟大的埃塞克斯学院图书馆，他对自然光线与阅读的关系毫无疑问是海边图书馆在思想上的先驱。"一个人拿着书走向光。一个图书馆由此诞生。"[15]尤其当你拿着书坐在一层的落地窗边开始阅读的时候，康的话会变得格外亲切。

这种象征性也招致一些更关注"实质"的人士的批评。对于那些在意鞋子里的沙子和热衷于意识形态批判的人来说，象征性不过是虚弱的布尔乔亚式"文艺"，这当然也是正常的解读。但是对于建筑师来说，所谓的功能主义早已失去了不容置疑的正当性，而意识形态批判在宣判的建筑的死刑之后却迎来了自身的衰落，它们已经无法对今天的建筑实践提供多少有价值的养料。

一个有趣的例子是康对1968年学生运动的评价，他说："在最近对我们的机构以及运作方式的反叛中我感觉到，那里没有奇迹（wonder）。"他所指的奇迹，并不是什么奇观，而是对所有存在的神秘保有好奇，对所有抽象问题抱有兴趣。当你接受这样古典的情怀，那么即使是最普通的事物也会变得不可思议，如阿尔瓦罗·西扎（Álvaro Siza）所说："今天：去重新发现神奇的陌生（strangeness），显而易见事物的特异性。"[16]这当然是一种形而上学姿态，也正因为这种姿态，康与西扎的作品成为人类建筑文化中的奇迹（wonder）。

或许，我们仍然需要这样的姿态。

（原载于《世界建筑》第303期，2015年9月，在本书中有所改动）

注释

1　董功. 南戴河海边图书馆简介. 2015.
2　见HARRIES. Infinity and Perspective [M]. Cambridge, Mass.; London: MIT Press, 2001.
3　董功. 南戴河海边图书馆简介. 2015.
4　*Pino nobile*是意大利语，愿意为高贵楼层（noble floor），在文艺复兴宅邸建筑中是指包含了核心的接待室以及主卧室的楼层，通常位于第二或第三层。
5　FORTY. Words and Buildings: A Vocabulary of Modern Architecture [M]. New York, N.Y.: Thames & Hudson, 2000: 256-276.
6　KAHN and LATOUR. Louis I. Kahn: writings, lectures, interviews [M]. New York: Rizzoli International Publications, 1991: 263.
7　BLUMENBERG. Work on Myth [M]. Cambridge, Mass.; London: MIT Press, 1985: 4.
8　HARRIES. The Ethical Function of Architecture [M]. Cambridge, Mass.; London: MIT Press, 1997: 183.
9　HEIDEGGER. The essence of truth: on platos cave allegory and theaetetus [M]. London: Continuum, 2002: 74.
10　同上: 40-41.
11　KAHN and LATOUR. Louis I. Kahn: writings, lectures, interviews [M]. New York: Rizzoli International Publications, 1991: 248.
12　HEIDEGGER. The essence of truth: on platos cave allegory and theaetetus [M]. London: Continuum, 2002: 42.
13　KAHN and LATOUR. Louis I. Kahn: writings, lectures, interviews [M]. New York: Rizzoli International Publications, 1991: 208.
14　NEUMEYER. The artless word: Mies van der Rohe on the building art [M]. Cambridge, Mass.; London: MIT Press, 1991: xxid.
15　KAHN and LATOUR. Louis I. Kahn: writings, lectures, interviews [M]. New York: Rizzoli International Publications, 1991: 76.
16　SIZA and ANGELILLO. Writings on architecture [M]. Milan: Skira; London: Thames & Hudson, 1997: 207.

　　海边图书馆被媒体戴上"孤独"的头衔并广泛传播，至今已整整一年了。在这个过程里，各种反馈接踵而至，形形色色，沸沸扬扬。青锋老师的这篇"海与光——三联海边图书馆的两面"，无疑是在众多反馈中最系统，最专业，最深入的评论文章之一。文章本身直切要点—"海与光"，的确是我当时在设计过程中最关注的两条线索，也是这个房子得以隶属于这片具体场地的基因。

　　借这个机会，我也想简单谈谈图书馆这件事给我本人的一点点启示，也许和青锋老师的文章也有某种间接的关联。

　　我们身处的社会正在被数字网络剥离为两层。一层我们熟知的，得以容身的真实的社会，另一层是被网络搭建出来的，日益发达的数字虚拟社会。图书馆在社会公众层面得到如此规模的传播，也恰恰是因为这层网络虚拟社会所蕴含的能量。截至去年年底，这样一个坐落于远离城市的社区内部的微型公共空间，容量七、八十人，总接待人数在半年的时间里累计达到五万多人。那么，被建筑界持续讨论已久的"建筑的公共性"这个话题，其概念的外延，在这个时代是否也在面临着在网络虚拟社会

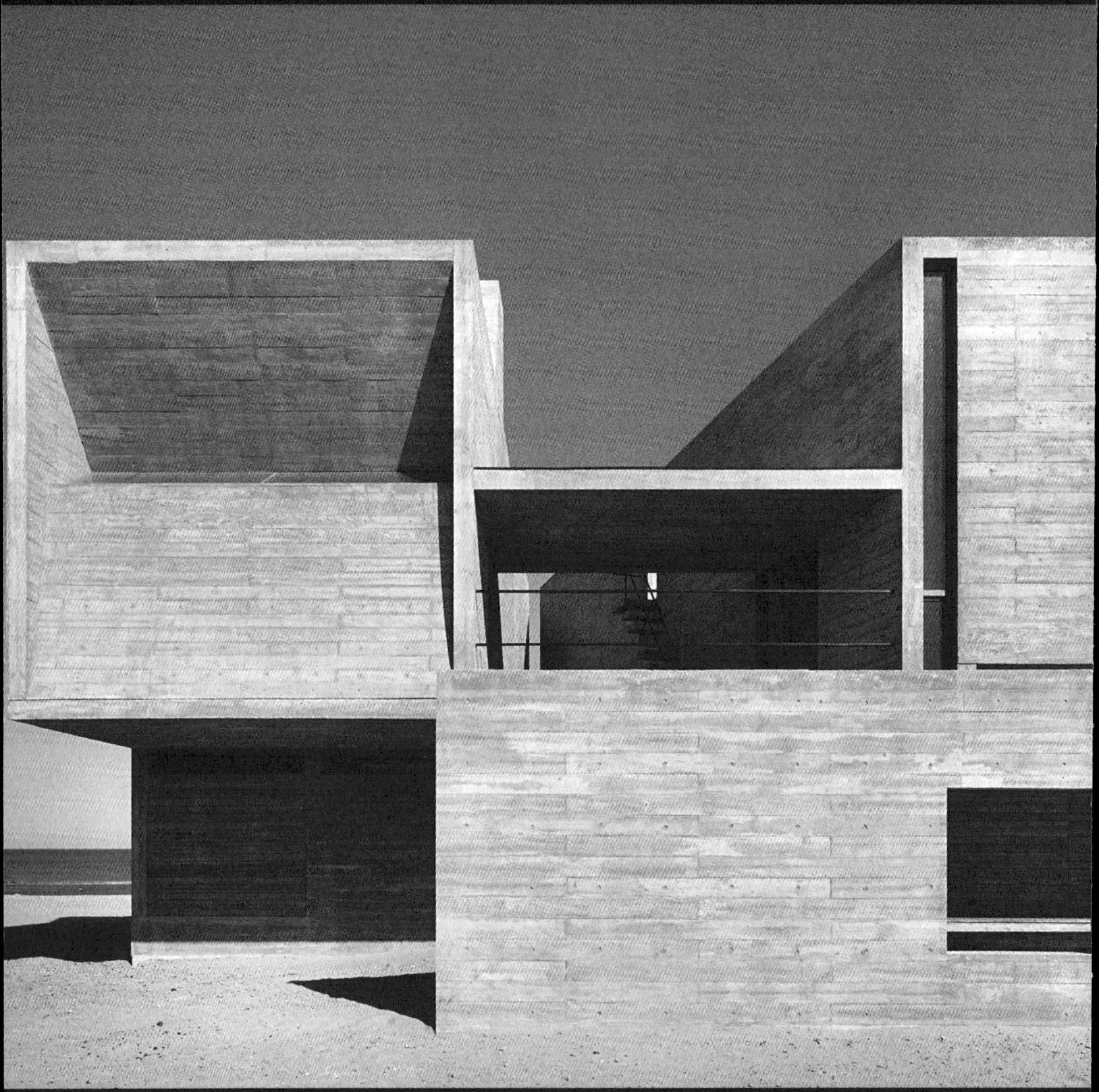

层面的重新拓展？建筑和公众的关系，建筑和公共生活的关系，已经开始不仅仅依赖于传统的物理方位和距离。网络将时空扁平化了，并藉此为建筑的可达性和开放性提供了新的可能。

而另一方面，网络正在无孔不入地介入到我们的生活当中，并迅速消减着我们对于物理空间的依赖。网上有餐厅、书店、购物中心、医院、学校……几乎覆盖了我们衣食住行需要的一切。可是，网络空间虽然高效地回应着现代生活中的信息传递，却终将无法回应我们依靠身体感知外部世界的需求。真实的空间建造，作为人的身体向外部世界的某种延伸，从一开始便是人在物理和精神两个维度认知自我存在的重要媒介。我们是否能够这样说，虚拟的网络空间越是发达，真实的空间建造就应该越有其意义——一种建立在回应具体的环境，地形，风和光等等真实条件的基础上，最终面向身体的意义。

只有那些已经懂得的人，才能聆听。

——马丁·海德格尔，《存在于时间》1927

从胜景到静谧

——对《静谧与喧嚣》以及「瞬时桃花源」的讨论

　　并不是每一个建筑师都愿意用文字总结自己的思想脉络，他们或者质疑文字解释建筑体验的可能性，或者是拒绝对自己进行归纳总结，因为这可能是对"无穷创造力"——自浪漫主义时代以来人们对艺术家的最大期许——的钳制与侵犯。相反，那些愿意使用文字工具的建筑师显然对"理念"有着更为浓厚的兴趣，他们认同文字与建筑之间存在某种统一性。这种强调统一而非断裂与冲突的立场具有某种古典特征，更为明显的是，一些建筑师仍然坚持这种统一性的本质能够被话语所揭示。在古希腊，这就是逻各斯（logos）的作用，虽然德里达致力于摧毁逻各斯中心主义的基础，但是否还接受这一古老的形而上学可能性，仍然属于个人的决定。这或许可以解释为何许多热衷于书写的建筑师，文本中总是流露出一定程度的哲学色彩。我们可以粗略地将这种倾向称之为"形而上学气质"，虽然这些建筑师不能被简单归纳在某一个哲学流派中，但是对于一些抽象的本质性问题的兴趣，以及认同对其进行探讨的可能性，才是"形而上学气质"的真正内涵。有趣的是，我们的确可以在这些建筑师的作品中觉察到类似的"形而上学气质"，比如康，比如罗西，比如卒姆托。

　　对于以文字为工具的建筑研究者来说，这些具有不同程度的"形而上学气质"建筑师往往是最受欢迎的讨论对象。我们可以凭借文本与建筑的共通性，获得一条更为便捷的道路去理解和评判建筑师的思想与实践。尤其是在分析之后，在建筑师的文本论述与作品特质之间找到印证的时候，往往是建筑研究中最令人愉悦的时刻。相比之下，对于那些讷于言辞的建筑师，比如斯卡帕，评论者会始终怀有忐忑，难以抹去揣测与现实之间无法弥合的间隙。

　　因此，从研究者的角度出发，我们总是乐于鼓励建筑师使用文字工具。有时文本也可以被当作建筑一样来进行分析，它的意图、结构、细节以及情绪。对于那些有着"形而上学气质"的建筑师来说，这种相似性是由可以阐明的同一本质所决定的，建筑与文本只是不同的表现形式。在这种情况之下，文本与建筑的平行解读可以产生密切的参照与互动，从而带来比两者之和更为丰富的结果。这样的途径，非常适合于讨论李兴钢最近的文章与作品——《静谧与喧嚣》以及南京"瞬时桃花源"项目。

《静谧与喧嚣》

《静谧与喧嚣》写作于2015年4月，是两者中更早完成的。与更早之前的《胜景几何》一文类似，这篇文章的写作目的是李兴钢对自己建筑实践与思索的梳理，也可以说是对这一阶段建筑观念与思想体系的总结。因此，两篇文章内涵上的关联性是显而易见的。但是《静谧与喧嚣》并不是简单的重复，在两个方面它比《胜景几何》更为充实与完善，一是理念结构，二是更为具体的建筑阐释。

在本文作者看来，《胜景几何》所表述的理论立场可以简单概括为，通过"几何（人工）与自然的互成，导向诗意的胜景（poetic scene）"。这个句子并不复杂，其中最为关键的是"诗意"的理念。这个词虽然通俗，也在建筑界被广泛使用，但是其内涵也往往也最为模糊的，以至于严肃的讨论往往要刻意回避这个词。因此，如果说《胜景几何》一文仍然有可以完善的地方，那就是应该对"胜景"或者"诗意"做出更为详细的解释。这样读者才能检验建筑师的作品是否真的足够"诗意"。

正是在这一点上，《静谧与喧嚣》做出了新的努力，试图填补这一内容上的缺失，使得整体的理念结构更为完整。李兴钢采用的方式并不是直接去定义"诗意"的概念，而是更为明确地讲述他所理解的"诗意"的内涵，他将这一部分的讨论直接放在文章的起始，以体现相关内容在其思想体系中的核心位置。容易令人迷惑的是，李兴钢使用了一个新的理念——"静谧"（silence）来概括这一部分的内容。很显然，"静谧"（silence）来自于路易·康的论著，在他以《静谧与光明》

（Silence and Light）为代表的一系列文章中反复出现。于是，对"诗意"的解释演化成为对"静谧"的解释。

何为"静谧"？最诚实的解答是回到康的诉说。幸运的是，康虽然喜欢不断重复一个主题，但他的各种解答基本上是一致的，这也包括"静谧"。在《空间与灵感》（Space and Inspirations）中，他写道，灵感起源于静谧与光明相会之处："静谧，带着它转变为实在的渴望（desire to be），以及光，所有存在之物的给予者。"[1]而在《我怎么样，柯布西耶》（How'm I Doing, Corbusier?）中，他说"静谧的声音"（voices of silence）告诉人们"它们（建筑）是如何产生的，也就是说导致它们被制造出来的力量（force）"[2]。最后，在《人与建筑的和谐》（Harmony Between Man and Architecture）中他直接定义"静谧是一种力量，从中诞生了意志以及表现自己的欲望"[3]。虽然算不上是详细、完善的定义，康的这几句话还是极大地限定了我们对"静谧"的理解。"静谧"并不仅仅是指安静的氛围，它已经变成了一个形而上学理念，指代一种具有能动性的潜在源泉，其中蕴含着意志及其转变为实在的欲望，但是还没有真正转化为现实。如果考虑到康在家庭中所受到的德国浪漫主义的影响，他会有这样的哲学观念并不奇怪。

康的这些文字是典型的"形而上学建筑师"的论述，他们视图在一个建筑性概念中容纳对所有存在的形而上学解释。李兴钢借用的"静谧"，显然包含了这一形而上学内涵，他放弃了康的浪漫主义元素，但是接受了"静谧"概念之中所蕴含的，对于现实（reality）之上那个形而上学源泉，以及它与现实之间密切关系的承认。因此，他在《静谧与喧嚣》中将"静谧"定义为"一个包含了可度量与不可度量之物的完整世界"[4]。这里"可度量"的显然是指现实，而"不可度量"（unmeasurable）的则是现实之上的形而上学本质。"不可度量"的描述同样来自于康，他常常使用这个模糊的词语来指代那个难以描述，或者是无法描述的形而上学本质，因为不像现实中的事物一样可以使用范畴、概念、联系等工具准确

"度量"，我们几乎无法命名它，因此只能强调它与现实之物的差别，也就是"不可度量"。用"度量"一词连接现实与形而上学本质，也是海德格尔所乐于使用的，在《人诗意地栖居》（… Poetically Man Dwells…）当中，他写道，"度量不是科学，度量测量两者之间，它将这两者，上天与大地，引向对方。"[5]这里的"上天"（heaven），是海德格尔后期哲学中常常使用的一个用于指代形而上学本质的词，作用类似于康的"不可度量"。抛开细节不谈，康与海德格尔所强调的实际上是同一件事情：虽然身处现实之中，但我们必须对现实之上那个形而上学本质有足够的尊重与理解，才能真正认识现实，并且找到在现实中正确的生活方式。所以，海德格尔说"人，作为人，总是将自己与某种神圣（heavenly）的事物相度量"[6]，而度量的目的是实现"安居"（dwelling）——他所认为的正确的生活方式。至关重要的是，海德格尔明确写道，是"诗（poetry）首先让安居成为安居。诗就是让我们真正安居的东西"[7]。如果说"度量"与"诗"所导向的是同一目的，那么它们或许是同一种工具，海德格尔对此做出了肯定，"度量就是安居中富有诗意的成分。诗就是度量。"[8]

　　至此，我们看到，诗意、静谧、度量这些关键词在上述讨论中被串联成为一个互相关联的整体。简单地说，诗意与静谧所指的就是一种度量，将现实存在之物与那个难以描述的形而上学本源相关联，并且参照本源来度量和理解现实，选择生活方式。按照这种理解，我们可以将苏格拉底的慨然赴死称为诗意，可以将海德格尔在黑森林农宅中的隐居称为诗意，也可以将康在宾夕法尼亚火车站卫生间中的孤独离去称为诗意。他们的共同特征是，信守你的形而上学理念，并为此而生，为此而死。

　　或许有些奇怪的是，李兴钢特意强调了"静谧""不同于接近不可言说的哲学性描述"，这似乎与上面对形而上学倾向的分析恰好矛盾。其实不然，两者的"不同"之处在于，除了对"不可度量"的哲学性尊重以外，李兴钢的"静谧"理念中还增加了更多的建筑性的叙事成分。比如，常识性的静谧一词本身就指向了宁静的场所氛围，并非为了寂然无声，而是为了摒弃嘈杂与"闲言"（idle talk），去听真正有价值的东西，"只有那些已经懂得的人，才能聆听"[9]。我们在康西扎、巴拉甘这些建筑师作品中感受到的深刻很多就来自于这种"静谧"，而"静谧"在背后是倾听，是懂得，是对存在的哲学性思索。通过"静谧"，一系列切实的建筑手段能够与抽象的形而上学观念紧密联系起来。这其实也是李兴钢选择《静谧与喧嚣》与"瞬时桃花源"作为文章与作品命名的原因，他的意图在于强调，在今天这个吵闹和急切的时代，人们需要沉静与耐心，需要通过"山重水复、蜿蜒曲折、柳暗花明"，去触近豁然开朗。这是通过谨慎的文字探寻理念复杂内涵的过程，也是穿过旧城废墟的混乱与狭仄抵达城市中"瞬时桃花源"的过程。李兴钢将这种叙事"空间性的营造"，也纳入"静谧"的概念之中，显然出自于建筑师的实践性本能，他希望"静谧"成为一座桥梁，将理念与操作连接在一起。

就此看来，相比于"胜景"，"静谧"有着更浓厚的人文内涵与阐释，这也就意味着对"诗意"更清晰、更明确地理解。正是在这一点上，《静谧与喧嚣》相比于《胜景几何》有了更深的维度。虽然建筑师并没有像康一样进一步说明"静谧"所指向的形而上学的本质到底是什么，但是承认它的存在与重要性已经是一个重大的差异性选择，尤其在这个崇尚实效、实证、拒绝逻各斯中心主义、拒绝宏大叙事、上帝死后的"祛魅"时代。但一个同样不容否认的事实是，很多伟大的建筑师恰恰是怀有这样不合时宜哲学信念的另类，比如密斯的意志、赖特的自然、康的光、巴拉甘的宁静以及罗西的死亡，他们作品的"诗意"与他们强烈的"形而上学气质"显然不是偶然的重合。

回到《静谧与喧嚣》，对"诗意"概念的进一步描述完善了《胜景几何》的理念结构，也同时显明了建筑师所选择的道路。这不仅仅是理念上的，也同样是语汇上的。如果"不可度量"的形而上学本质无法直接言说，那么只能间接地谈论它，就像柏拉图通常使用故事与寓言来传达哲学内涵一样，建筑师也有特有的手段，比如象征、类型与重释。这也是《静谧与喧嚣》中另外一个值得注意的内容：对语汇与操作方式更准确地限定。同样，李兴钢使用了两个新的概念——"房"与"山"，它们基本上对应于《胜景几何》中的"几何"与"自然"的概念，在理念结构上，前后两对概念并无太大差别。不同之处在于，"房"与"山"的概念更为具体，也更为明确地指向特定的建筑与景观元素。

"房"当然是人工之物（几何），也构成了关注景、关注自然的界面。但这里的区别是，对于"房"人们有着确定的类型化理解。李兴钢使用"房"的意图之一，就是要强调这一原型，更具体的说就是"坡顶与类坡顶建筑"，一种幼儿园小朋友们会自然而然描绘的建筑形象。坡屋顶的特别之处在于，它几乎是一种在任何文化体系中都普遍存在的建筑元素，而且往往是历史最悠久、使用最频繁的元素。它也由此获得了更为深厚，更为普遍的文化内涵。"它（四元素，four fold）给予房屋（黑森林农宅）一个伸展的屋顶，其恰当的斜度能够承受积雪的重压，它向下深深地挑出，佑护着下面的房间，抵御漫长冬夜的风暴。"[10]海德格尔在《建·居·思》（Building Dwelling Thinking）中的这句话是对坡屋顶最厚重和动人的描述。李兴钢通过"房"这一直白陈述，所要传达的也正是这样的文化内涵，它"超越时间和地域的文化基因"以及"象征着远古的自然与平静"。

"山"的作用也类似，首先它是比"自然"小得多也具体得多的概念。一方面，李兴钢借此强调了对天然山水以及人造假山假水的特殊兴趣，另一方面他也通过将其他人造建筑或景观也纳入"山"而拓宽了"自然"的概念。相应地，他也对自然做出了新的定义，"它应该既是山川树木天空大海的那个自然，也是风云雨雾阴晴圆缺的那个自然，又是舒适便宜自然而然的那个自然"[11]，也就是说，自然不再限于天然的东西，而是也包括其他那些并不依赖于建筑师的构思，具有某种必然性与合理性的，已然存在的事物。它们应该被接受和尊重，无需区别是谁塑造了它们。李兴钢的这种扩展，意在消除过往"人工"与"自然"决然两分，也为当代城市环境中纯粹自然元素的缺失留有余地。

除了内容之外，"房"与"山"作为传统中国园林话语体系中的典型词汇，也透露了李兴钢对传统中国园林的浓厚兴趣。这同样也提供了一条清晰的线索，引向一系列传统园林空间结构与元素积累。可以看到，在"房"与"山"的背后，所隐藏的是建筑师明晰的语汇选择。从建筑的角度看来，其重要性并不亚于"静谧"。后者给予建筑师一种方向，但"房"与"山"则直接指向了元素。对于一个成熟的建筑师来说，有了"房"与"山"作为基石，一整套相应的策略与手段已然浮现。事实上，它们也组成了解读李兴钢近年诸多作品的标准解码器。

比如"房"，坡屋顶与传统房屋的原型。它出现在唐山三空间、元上都遗址工作站、绩溪博物馆以及济南小清河湿地公园垂钓中心等一系列作品中。而"山"，人造的拟山或者是模块拼接这样已经由合理性驱动、远离个人构思的工程技术，则出现在乐高二号、纸砖房、绩溪博物馆、海南蓝海御华大饭店等项目中。尤其是乐高二号，采用模块化的积木堆积成假山，浓缩了《静谧与喧嚣》中对"自然"理念新定义的不同方面。绩溪博物馆的混凝土假山也是同样策略的产物。然而，从这两个案例中，也可以看到新的"自然"概念中可能存在的冲突。如果说天然的山水与根据效用产生的工程技术都具有某种必然性的话，那么用模块化技术塑造的模拟山水则不可避免地具备强烈的人工性，因为其中的设计师的意图与控制都是显而易见的。一个难以避免的现象是，扩展之后的"自然"和"山"与"人工"和"房"之间的区别变得更为模糊，一个潜在的危险是，"人工"和"房"的元素有可能变得过于强烈，这更需要建筑师的谨慎控制。

至此，我们可以看到，《静谧与喧嚣》的确达到了它的目的，通过"静谧"、

"房" 与 "山" 等概念，李兴钢在两端同时拓展了对自己近期实践的梳理与总结，其中一端更深入地挖掘理论建构的哲学内涵，而另一端则是更明确地指向具体的操作元素与策略。我们可以用常用的形而上、与形而下的区别来大致对应这两端。相比于此前的其他论述，《静谧与喧嚣》无论在完整性与深度还是在具体性与操作性上都前进了一步，对于自觉的建筑师，这也意味着自我反思的坚定一步。

然而，我们也还不能将《静谧与喧嚣》视为一个业已完成的理论架构，这是因为虽然有了形而上与形而下的两端，但两端之间如何联系还并未详述。如果说 "房" 与 "山" 是手段，那么目的就是 "静谧" 与 "诗意"，一种对现实及其形而上学本源的揭示以及相应建筑氛围的强调，这是李兴钢目前的理论结构。但是如果不对目的进行更为准确的限定，那么手段也就无所谓手段了。因此，建筑师必须对那个形而上学本源有更清晰的阐释，才能获得理论与实践的整体性。虽然有赖特、密斯和康这样擅于用文字来完成这一任务的范例，但这并不是唯一的路径，他们之所以伟大还是在于通过建筑也完成了这一任务。这才是建筑师区别于哲学家的独特性，他们或许不擅长哲学论述，但是他们也有自己所擅长的方式。就像柏拉图的故事和寓言，建筑也可以成为一种中介，引导人们触及那个 "不可度量" 的本源。因此，我们仍然需要回到建筑作品本身，评论它是否实现了理论的承诺，完成对 "形而上" 与 "形而下" 的连接。

在这种情况下，瞬时桃花源项目提供了很好的观察窗口。这个完成于2015年7月的临时性项目与《静谧与喧嚣》之间存在极为密切的对应关系，后者所讨论的许多类型元素以及操作方式很大程度上直接转译在前者的设计当中。这也意味着瞬时桃花源就像《静谧与喧嚣》一样具有某种概括性与代表性，两者之间的对应提供了建筑与文本之间交叉阅读的机会，我们也可以借由对项目的讨论，检验理论建构的得失与成效。

瞬时桃花源

瞬时桃花源是一个研究性设计，建筑师要在南京明城墙内侧的花露岗地段设计一系列临时性构筑物，展现基于历史与场地的建筑反思。这一选址的特殊性在于紧邻城墙，有着深厚的历史积淀，此前为第一棉纺厂的厂房所占据，但近年工厂已经拆迁，在南京内城留下一块极为空旷和平整的场地。李兴钢的设计来自于他在南京大学建筑学院2015年夏季"格物设计研究工作营"中的研究与探索。

这一工作实际上包含了两个部分，第一部分是根据历代地图，对这一地段在不同历史时期的状况进行复原设计。建筑师选择了南朝、宋、明、20世纪60年代等4个年代的老地图，通过在地图上删减与添加的方式完成地块的设计（图1～图4）。虽然几张地图上的原状建筑物差异悬殊，但李兴钢所增减的都遵循同样的策略，采用传统坡顶房屋与传统园林的类型元素完成对空白地段的填补或替换。所造成的结果是，4个年代的场地都具备了房、园、池、阁、廊几种元素。这种做法显然与《静谧与喧嚣》中对坡顶房屋类型以及园林的强调一脉相承。不难看到，将近1500年的时间跨度，李兴钢真正意图不在于还原历史，而是在重申类型的持久性与普遍性。"'房'与'山'所构成的原型及其组合，可以涵盖从城市、聚落、住居、建筑，园庭乃至高层和覆土建筑等近乎全面的类型。"[12]李兴钢在这段文字中想要说明的，实际上是新理性主义类型学理论中最核心的理念：类型作为根本原型超越时间的特质。

人们往往忽视这一点，而专注于强调类型所蕴含的集体记忆与历史内涵。但是对于新理性主义者来说，类型还具有某种本质性。阿尔甘（Giulio Carlo Argan）在他开创性的《论建筑的类型》（On the Typology of Architecture）中模糊地提到，类型"是用来处理一些深刻的问题——至少在任何既有社会的限制中——这些问题被认为是根本性与持久性的"[13]。因此他将类型称为"根形式"

（root form），它是抽象的原则（principle）而非具体的模式，一旦产生就具有相当的持久性，并不随历史变迁而转变。罗西的话则更为明确，他将类型定义为"某种永恒和复杂的东西，先于任何形式并且组成了形式的逻辑原则"。[14]他不断重述类型的恒久（constant），而最重要的或许是这句话："最终，我们可以说类型就是建筑的理念（idea），它是最接近于建筑的本质（essence）的。"[15]从这里，新理性主义类型学与柏拉图理念哲学之间的相似性一览无余。类型就像柏拉图形而上学中的"理念"（Idea）一样，是抽象、纯粹、永恒、根本的源泉与本质，其他的事物都是在理念的模仿之上衍生而来。按照前文的论述，我们可以将这种相似性称为新理性主义的"形而上学气质"。最强烈体现这种气质的当然是罗西与格拉西的作品，他们不同于后现代主义者之处就在于，他们的类型操作中有强烈的欧洲古典哲学底蕴。当文丘里在追逐冲突与繁杂的时候，罗西与他的同伴所探寻的则是"超越时间的类型学的恒定法则"[16]。摩德纳墓地中的抽象、纯粹与静穆是柏拉图式形而上学类型的经典体现。我们甚至可以借此揣测罗西作品与基里科"形而上学绘画"之间的理论关联。同样并不令人意外的是，其他具有"形而上学气质"的建筑师也善于使用类型元素，比如康，他所倚重的类型是"房间"（room）——"房间是建筑的起源"。

类型与形而上学的这种关联，需要西方古典哲学背景来获得感染力，这或许可以说明为何我们过去同样采用类型模拟的作品却缺乏新理性主义的那种厚重。也同样是因为这种关联，我们不应将李兴钢的类型操作等同于以往的民族形式。如果前面的论述具有一定的合理性，那么就可以解释他对"静谧"这个具有强烈形而上学倾向的目标的追求，为何落在了坡顶建筑、山、房、园林等类型工具之上。在这一点上，即使说李兴钢是新理性主义的忠实追随者也并无不妥，对于他们来说，类型是超越时间的，即使是从南朝到21世纪的今天。同时，新理性主义的例子也说明，仅仅依靠类型还并不足以确保"诗意"的实现，最敏感的地方在

图1：花露岗南朝复原设计图（图片
来源：李兴刚建筑工作室提供）
图2：花露岗宋代复原设计图（图片
来源：李兴刚建筑工作室提供）

〈图 1〉

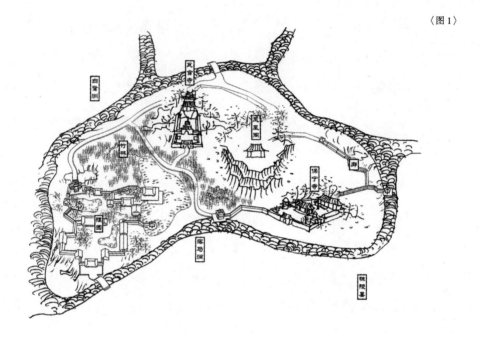

〈图 2〉

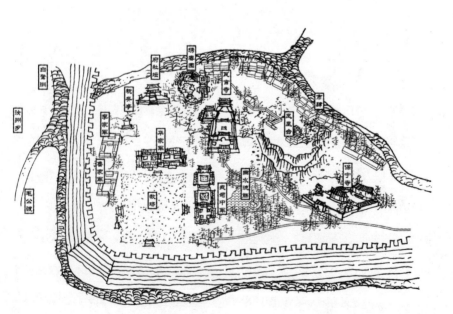

〈图3〉

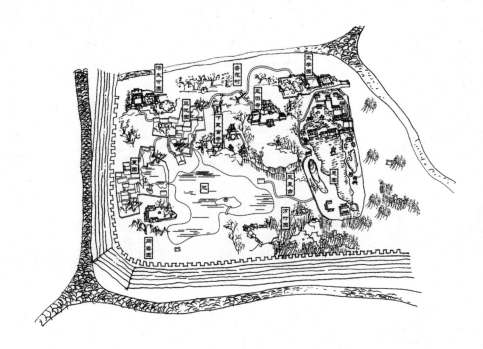

〈图4〉

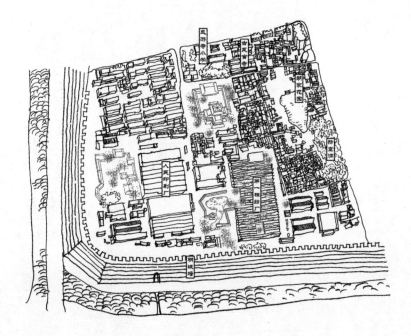

于对类型的具体呈现，这也是李兴钢所面对的挑战。

这个项目的第二部分，是实际的建造。如同此前的复原设计，李兴钢将几种经典类型元素最终带到了现实中。他将"台阁"、"树亭"、"墙廊"与"山塔"4个构筑物放置在场地靠近边缘的地带，将旷地包围成为项目的内园（图5）。为了实现快速建造与临时性构筑物的经济性，建筑师选用了标准施工钢架与黑色遮阳网来搭建这些设施。

4个小品中体量最大的是"台阁"，位于地段北侧位置最高的一块台地上，周边有密集的大树围绕，再往东则是还没有拆除的相近体量的既存房屋（图6）。建筑师使用了4层标准脚手架搭建出一大一小两个相连的结构骨架，遮阳网布作为唯一的围和材料，伸展成为传统歇山屋顶的形状。能够用廉价与高效材料完成这一建构显然要归因于建筑师的睿智与经验，脚手架搭接方式避免了对主要流线的干扰，灵活的装配性踏脚板转化为地板与座椅。甚至是40cm见方的标准草垫也能与脚手架模数很好地搭配，显著提高了人们坐卧的舒适性。兴趣浓厚的观赏者还可以爬上脚手架的二层，一块平台从歇山屋顶的西面开辟出来，给人一个特殊的停留之处。

必须承认，在体量与形态上，这个"台阁"的搭建是令人满意的。虽然整体的轮廓线以及屋顶斜度都不同于南京本地的坡顶建筑，但并未超越我们对坡顶类型的认知范畴，屋顶与檐下空间3∶1的高度差更是有效地强化了小品的类型特征。不过，这些成果也要付出相应的代价，体量的实现带来了内部结构的密集与繁杂，置身内部实际上已经感受不到房间的存在，有的只是结构之间空出来的一些区域。这当然是这种建造方式所难以回避的局限，它更擅于提醒人们中国传统建筑与模块化结构之间早已存在的血缘关系，而不是我们所熟悉的房屋空间氛围。

在整个项目中，"台阁"的统治性是显而易见的。它不仅有最大的体量，最高的地段，最接近南北中轴线的位置，其坐北朝南的方向性甚至让人联想起皇家建筑的布局方式。坐在"台阁"南面的座椅上，场地最空旷的部分、其他3个构筑物，以及场地南缘的城墙尽收眼底，让人们对这一视角的特权地位心领神会。场地的巨大尺度与空旷显著削弱了周围事物的体量，尽皆臣服于台阁的威权视角之下，其他构筑物成了它的附庸，场地成了它的园，城墙成了它的墙。

南面的城墙自然是场地中最令人着迷的元素。它给予这个地块的独特性在其他的城市几乎无法复制。城墙本身就是最为持久的类型元素，厚重的材质，坚硬的体量以及质朴的砌筑方式给予整个地段锚固性的负重。我们可以设想这段城墙不存在，或者仅仅是一段当代矮墙，那么整个项目将失去当下的封闭性，也无从谈起一个隐匿的桃花源了。好在场地的宽阔与开敞有效削弱了城墙的压迫感，人们并不介意将城墙视为园林的围和边界。就像在传统园林中一样，李兴钢的"墙廊"与"山塔"很自然地靠近这条边界布置（图7、图8）。

这两个构筑物的主要作用在于补足了项目整体的类型元素，线性的长廊、高耸的竖塔以及盘踞的黑石。建筑师同样利用了脚手架的结构塑造以及遮阳网体量围和上的优势。"墙廊"高低起伏的屋顶与不断变化的南北围和弥补了平地造廊的单调，7层脚手架堆积成塔也提供了观赏者攀援而上的工具，石头的营造或许是最简单的，只是体量有些过于薄弱。相较于"台阁"，这两个构筑物的结构大为简化，但仍然提供了几处独特的视角，比如塔顶的鸟瞰，长廊两侧对台阁的远眺以及城墙的近视。有些遗憾的是，因为脚手架的尺度限制，墙廊虽然具备了曲折的线性特征，却已经不可能供行人顺路穿行，从而牺牲了廊最重要的行为体验。建筑师仍然保留的静观的可能，尤其是往北方观赏场地的全貌与远处的台阁，将再一次印证后者的中心性，以及墙廊作为陪衬的"边缘"地位。

树亭是最小的构筑物，由5榀脚手架搭建而成，台阁其实也是由这种5榀单元组合形成的，只是在这里独立成为一个单体，造就一个3开间、4坡顶的小亭子（图8）。相对于场地的尺度，这个亭子显得微不足道，建筑师将它放置在场地中

图6：墙廊与城墙（图片来源：李兴刚建筑工作室提供

〈图6〉

〈图7〉

间部位一颗高大但孤立的梧桐树下，两者共同组成的"树亭"定义了场地的东侧边缘。

利用点状或线性的小型构筑物占据场地的边角，从而实现对场地最大程度的占据与围和，对于临时性项目来说，这种策略是富有成效的。建筑师使用了102组脚手架、668m² 遮阳网布、163块草垫，4天的施工时间，完成了对近20000m² 场地面积的围和与定义。在南朝、宋、明、20世纪60年代之后的第五张地图中，传统中国园林布局策略的效用被拓展到新的极限（图9）。

可以想象建筑师造园时的愉悦。在南京这种寸土寸金的大城市内城，居然还有这样一块安静的场地，只能是快速城市开发中一个故障性的瞬间。这个地块实

〈图 8〉

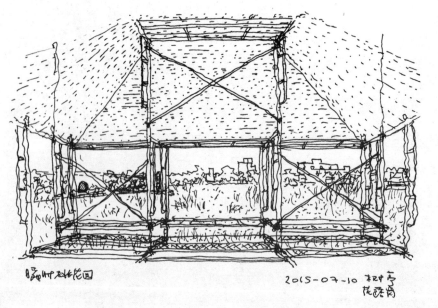

〈图9〉

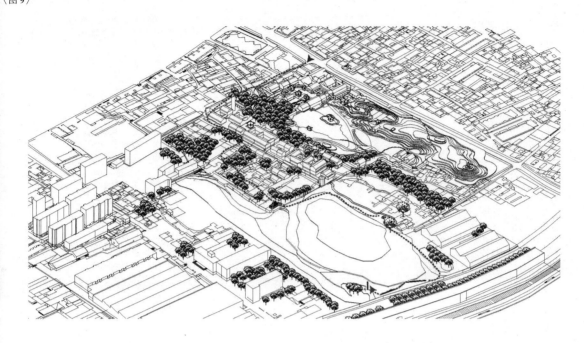

际上经历了一个抹平涂白（*tabula rusa*）的过程才可能处于现在这样空旷与荒野的状态，它在城市中是一个绝对的异类，李兴钢将项目命名为"瞬时桃花源"非常贴切，尤其是你穿过旧城狭窄的胡同与残垣断壁，眼前突然显现出一块宽广的"园林"，桃花源的隐匿与豁然开朗的确是最好的比拟之一。

园林与农田

不容回避的是，虽然并不缺乏植被覆盖，花露岗地块本身还是很难让人想起传统园林，过度的空旷与荒芜与园林的精雕细琢之间有着不小的距离。建筑师只能通过尽可能补足传统园林中的常见元素来强化这种联想。因此，这个项目中最有趣的内容之一是几种类型元素之间的关系。因为距离较远，这几种元素主要通

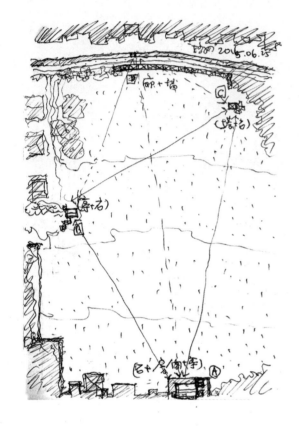

〈图 10〉

过对视产生关联，比如从台阁看向南面，从墙廊回望北方，从山塔顶部鸟瞰，以

及从树亭欣赏南北两侧的不同场景。视线的关系是李兴刚精心营造的，这从他设

计草图的标注中能够清晰体现出来（图10）。在这一层面上，李兴刚的确成功地塑

造了几处"胜景"，最重要的当然是从台阁到城墙，以及从墙廊与树亭到台阁等3

条视线。前者充分利用了城墙的稳重与墙廊、山塔的活跃之间的反差，塑造出传

统（城墙）而又新奇（快速建造）的景象。后者比在台阁之中更能体现台阁在体

量、位置与轮廓上的适度，作为整个项目的重心所在，台阁同时也是项目与城市

相关联的节点。树木与遮阳布掩盖了结构的密度，从这两处看去，整个台阁显得

谦逊和安稳。

如果说 "胜景" 在瞬时桃花源中获得了一定程度的实现，这还不能平息我们进一步追问的兴趣。已经提到过，我们需要用项目来验证文本的价值与内涵，前面多数涉及的是操作性的类型元素，还并未涉及《静谧与喧嚣》中最核心的理念——"静谧"，瞬时桃花源在多大程度上为 "静谧" 提供了诠释？这里必须提及 "胜景" 与 "静谧" 之间的区别，虽然我们提到过两者的核心都是 "诗意"，但是对于 "诗意" 的呈现方式仍然是不同的。"胜景" 所指的是一种景象，主要是视觉观感，而 "静谧" 则不仅仅是听觉，也同样指一种氛围、一种状态、甚至是一种行为，比如平心静气，悄然聆听。显然，"静谧" 的内涵中有更多的可能性，这也意味着有更多的方式去触及 "诗意"。从这个角度看来，李兴钢用 "静谧" 替代 "胜景" 是一个合理的扩展，也为自己更开放的设计关注提供了可能。

但是，理念的转变并不一定与行动同时并行。我们也不能就此认为瞬时桃花源就是 "静谧" 的明证，这还需要体验的证明。实际上，从上面的叙述中不难看到，总体来说，"胜景" 的营造仍然是引导李兴钢的主要构思策略，这体现在对类型元素的抽象模拟，视线的刻意营造，以及在各个构筑物中为特定视线所专门设置的区域与座椅。然而，在 "胜景" 背后，也暗藏着某种危险，那就是从柏拉图以来，对感官，包括视觉景象的质疑。他们会怀疑眼前所见的图像，仅仅是一种虚假的表象，没有引向真知，反而是导致错解与谬误。这种质疑从未远离我们，从早期基督教的圣像破坏运动，文艺复兴建筑师对墙面壁画的回避，到启蒙运动中关于绘画中线描与色彩的争论，再到某些现代主义者对表现的拒绝，以及评论者对后现代主义图像泛滥的批判。景可能成为 "胜景"，也有可能成为 "虚像"，有些时候，这两者之间的界限并不清晰。如果不是要全面摒弃景象的话，建筑师必须对景象内容谨慎地选择与引导才可能实现 "诗意" 的传达。这也是为什么，海德格尔才会强调 "景的诗性表达将神圣表象的光亮与声响，以及陌生之物的黑暗与沉默汇聚在一体之中"。要实现"诗意"，再丰富的"表象"都是不足的，景还应该体现"陌生之物的黑暗与沉默"。这并不难解释，大海与星空，是最常被描述为诗意的对象，或许原因之一就在于两者的"黑暗与沉默"，它们无法被视线所穷尽，在可见之外是无穷无尽的存在与可能，因此具有诗意。通常我们对于充满野性的自然，比如森林与草原，也具有类似的"陌生"感，甚至是那些并不是由我们所创造的人造物也可能引向"黑暗与沉默"，比如古人的器皿，异族的圣物。在这些案例中，海德格尔所说的"黑暗与沉默"并不是要故弄玄虚，而是要强调还有某些东西是超越于我们的理解与掌握的，甚至是超越于现实存在的。它们在形而上学的意义上具有更为深层与本源的地位，因此包含了这些元素的景象能够更有力地引导人们去关注那个"形而上学本源"，也就能实现海德格尔意义上的"诗意"。

循此线索，我们可以讨论李兴钢以"胜景"营造为核心的作品中所隐藏的某种局限。简单地说，有时我们会发现在这些景象中"光亮与声响"过于充沛，而"黑暗与沉默"则略显不足。李兴钢对各种建筑元素的驾驭能力早已得到广泛的承认，但也存在一些时刻，驾驭的范畴被拓展得过宽，以至于人工的"光亮与声响"最终压制了自然的"黑暗与沉默"。我们前面已经讨论了《静谧与喧嚣》中扩展之后新的"自然"理念中可能存在的问题，如果将"自然"里面中包含过多的人造物，比如标准模块、单纯遵循力学与经济原则的工程技术，这虽然呼应了天然状态的合理性与独立性，却也削弱了传统自然，如森林、大海与夜空的陌生感。一块礁石与一块乐高堆成的假山，都有各自的合理性，但是观察者所获得的感受却大相径庭。我们或许仍然需要在"人工"与"自然"，在"房"与"山"之间维持更为明确的界限，这不是为了理念的洁净，而是为了帮助建筑师对自己的操作进行更为自觉的限制。当阿尔伯蒂将艺术家称为第二上帝时，也就给予他们无尽的力量与自由，但有时，艺术家恰恰需要主动限制这样的力量才能获得真正的自由，这也正是康德那句"头上的星空与心中的道德"所想要强调的[17]。西扎用另外一种方式陈述这种自觉："毕加索说过，你需要十年学习如何绘画，另外十年学习如何像一个孩子般绘画。"[18]

在现代建筑中，西扎对白色墙体的坚持、卒姆托对厚重性的热衷以及杰弗里·巴瓦那些充分维护了雨林的独特性与神秘感的作品都是这种态度最富有感染力的体现。他们的作品绝非放弃景象，而是要在景象中维护那些不能被清晰操作或驾驭的元素，借此来致敬"陌生之物的黑暗与沉默"。相比之下，康的萨尔克生物学研究中心或许是一个特例，即使在康的作品中也极为反常，但露天广场这一独特景象来自于巴拉甘反倒是一个完美的解释，因为康从来不是一个单纯聚焦于景象的建筑师，他所倚重的是"秩序"，建构、材料、空间与光线的秩序，这才是他的形而上学手段。

如果以上这些论述可以成立的话，瞬时桃花源中对景象的倚重确实存在某些误导。观察者易于产生一种印象，几个构筑物似乎主要是为了迎合园林景象的构成而存在。意图的鲜明与手段的直接会导致对人工性过于强烈的质疑，而除了对视之外其他使用方式的缺失，也很难抑制人们对真实性的疑虑。或许更为重要的是，这些类型与构筑物太接近于中国园林传统，这虽然迎合了人们对类型的认知期待，却也消除了其他更为陌生的可能性。当一切都变得格外熟悉，人们会易于走入欺骗性的"日常性"（everydayness）[19]，从而忽视那些非日常的因素，比如"黑暗与沉默"。

在4个构筑物中，最远离这种疑虑的恰恰是最小的树亭。虽然只用了5品脚手架搭成，这个地方反而成了整个项目中热闹的地方。在笔者看到的情况下，除了观景以外，人们最主要的活动都在树亭展开，比如建筑师与南大教师的聚会，以及我们几个参观者与建筑师的讨论，这个亭子的尺度与氛围为这样的小型活动提供了良好的条件。如果做进一步的观察，会发现树亭是整个项目中最接近于"房"

的。较小的尺度保证了结构的轻盈，三间的布局有力地凸显出中间一跨作为房间的主导性地位。建筑师有意地通过座椅与斜撑的布局将侧边的两间压缩为走廊，而屋顶正中则留出一块1.8m×2.95m的房间，尺度刚好适合坐在房间东西两侧的人相互交谈（图11）。这种5组脚手架的单元在台阁中也有很多，但是过于密集的结构，开放的内部领域都阻碍了房间的形成，更缺乏一个完整而亲切的屋顶给房间中的人以恰当的庇护。或许树亭并不像其他3种元素那样具备园林的视觉识别性，但在一点上，它比其他三者更接近真实的园林——中国园林并不仅仅是为了观赏，更重要的是为园林主人各种活动提供场所。这一点已经被今天的园林旅游所掩盖，但却是园林与生活最为密切的纽带。在瞬时桃花源中，这些活动最主要的发生场所，就在树亭之中。

活动的丰富也意味着人与建筑互动的可能性的增多，也就有了更多的机会去感染和启发使用房间的人。从这个意义上来说，树亭比其他三种元素拥有更为优越的条件去超越单纯"胜景"的营造，实现"静谧"的递进。检验这一可能性的标准，仍然是建筑的体验。以此为标准，可以看到树亭也确实给我们带来更丰富的感受。对于熟悉建筑理论史的人来说，很难避免将树亭与洛基耶的"原始棚屋"联系起来，骨架式结构、坡屋顶以及旁边的大树，这些都与洛基耶那幅著名的插图相吻合。如果愿意，我们也可以将树亭看成这座"原始棚屋"的类型表达，况且它极简的结构也符合洛基耶的结构理性主义。就像罗西所谈论的类型作为建筑的理念，树亭与原始棚屋的关联，可以看作是对一种关于建筑起源的古老理念的纪念。在园林之外，有另外一种传统将树亭与历史、与本源相连接。

提到棚屋，不得不提及对树亭放置位置的讨论。一些观察者建议，树亭应该再向东挪，因为在梧桐背后还有一个池塘，如果树亭能够立在水边，或者是插入水中，能够更强烈地再现园林体系中亭与水的密切关系。这种观点本身无可厚非，毕竟园林的类型与结构本来就是整个项目的基石。但是，树亭现在的位置也有它

〈图11〉

超越园林范畴的独特性。或许我们可以不叫它树亭，而是叫它"树棚"。即使没有洛基耶的插图，一个普通观察者也能将树棚与一种常见的民间构筑物相联系，那就是农田之中乡民为了照看作物所搭建的棚屋，比如瓜棚，在北方田间，以及李兴钢本人童年的生活中，这种瓜棚都屡见不鲜。这种联想的密切度甚至超越了洛基耶的原始棚屋，因为这些瓜棚也都是用最廉价的材料，采用最经济的方式搭建，常常也都倚靠着一棵大树，而在北方的田间，这样的大树也往往是孤立的，如同南京这块场地上孤独而硕大的梧桐一般。

相比于大树东侧的位置，树棚现在的位置固然远离了池塘的温婉，却与大树西侧的数万平方米空旷场地产生了更紧密的关联。树、棚子、盖满低矮绿植的平地，单独地看，树棚已经不再属于园林的范式，而是成为农耕场景的一个片段。当然，我们也可以将这称为原始园林，或许农耕正是园林的真实起源。值得注意的是，台阁与墙廊的主要视线是穿过场地看向对方，而树棚的长轴是南北向的，因此在座椅上的正常视线是看向西方的场地而非南北两侧的其他构筑物。这当然也是瓜棚的朝向策略，棚子需要面向瓜田，农人才能照看自己的作物。在这种关系之下，旷地对于台阁与墙廊来说是本应填充却还没有进行的待建场所，对于树棚来说则是已然耕种，因此需要精心看护的农田。事实上，在2014年青奥会期间，南京市政府的确在这里大面积地播种了麦子来掩盖场地的苍白。今天仍然有作物组成的五环标志在场地中央。南方的雨水使得野草丛生，但这些植物大致有着相近的种类与高度，涉足场地中，行人有行进于农田之中的感觉。

如此强调农耕，当然不是为了再增加一个噱头，而是因为农耕曾经是，也仍然是将人与自然联系在一起的最重要的纽带。在这种古老的活动中，人们逐渐学会了解自然，尊重自然，利用自然，以及照料自然。无需敷述几何、历法、工具制造、贸易交换等文明起源与农业之间的关系，用海德格尔的话来说，农耕开启了一个"世界"，也正是在这个世界中，自然被当作自然为人们所遭遇[20]。或许是因为这个原因，海德格尔要选用一双农妇的鞋来描述艺术品对"世界"的揭示："在皮革上留下了土壤的潮湿与丰厚，从鞋底滑过的是夜晚降临时田塍的孤独。在这两只鞋子里颤动着大地沉默的呼唤，成熟稻谷的无声恩赐，以及冬季农田休耕的荒芜中无法解释的，自我拒绝。"[21]这仍然是哲学史上最动人的文字之一。海德格尔这段文字所讲述的，是人与"大地"的复杂关系，这里面包括土地的馈赠，人的依赖，劳作的辛苦，大地的沉寂与不可捉摸，以及人的孤独。这些元素实际上代表性地构成了海德格尔后期哲学中所强调的，也被建筑界所广泛援引的"安居"。"安居"意味着安稳的居住，被存在的一切所护佑，但同时也要给存在的一切以关怀，维护它们的尊严，也同时接受它们的"黑暗与沉默"，接受它们还未在这个"世界"中显现的、不可度量的其他可能性。这种关系的确在农耕中最为鲜明，我们需要依靠天空与土地的青睐才能收获，同时也需要对田地精心照料、顺时而作，但有时也要接受颗粒无收的不幸与无助。与土地的这种复杂关系，对于今天的城市人来说已经格外遥远。坐在轿车之中欣赏油菜花的灿烂只能满足景象的欲望，但如果你是在夜空之下在瓜棚中安静地守护田地，那么上述感受也就不再那么遥远。

　　当然，不是所有人都能够或者愿意在瞬时桃花源的树棚中体验到这些。但建筑的作用不是控制，而是引导人们的想法，它应该提供线索，帮助人们去展开自己感兴趣的场域，不管它是园林还是农田。只要对特定的哲学问题感兴趣，并不一定需要了解海德格尔的理论才能获得类似的体验，就像康从未提到任何具体的哲学家或者哲学流派，但他仍然是最富哲理的建筑论述者。

　　正是在这个意义上，树棚通过与原始棚屋，与农耕的关联，展现了"胜景"之外的其他可能性。相比于台阁对整个场地的统治，在树棚之中观察者的视线才最终回避了其他构筑物的抢夺，回到了场地自身。与此同时，观察者也需要相应的耐心与安静，也就是自身的静谧来体验大地的馈赠以及它无法穿透的"黑暗与

图12：树木夜境（图片来源：李兴刚
建筑工作室提供）

〈图12〉

沉默"，这种"不可度量"的体验，正是"静谧"的所在。因此，我们可以说，在瞬时桃花源中，更接近于本文所阐释的"静谧"概念的，是梧桐树下的这个树棚。

至此，我们对李兴钢《静谧与喧嚣》与瞬时桃花源的分析可以告一段落。以上分析表明，文本与建成物之间并非简单的对应，也同样存在差异与距离。但是这恰恰为"延异"提供了空间，建筑与文本都可以利用这一段区间，探索进一步互动的可能。以李兴钢为例，他的《静谧与喧嚣》比之前的《胜景几何》在理念深度与操作的具体性上都有明显的提升，一方面为建筑师自己树立了更为艰深的目标，另一方面也对实质性的语汇与操作策略进行了选择。这种转变在瞬时桃花源项目中得到了很好的体现。在类型元素的使用以及园林结构的参照上，瞬时桃花源几乎是《静谧与喧嚣》的直接翻版。而涉及"静谧"的实现，瞬时桃花源更多地体现了一种折衷性，"胜景"营造仍然占据主导性地位，反而是在树棚这种相对次要的元素上，当获取景象的欲望趋于弱化，建筑师的刻意控制变得松软，体验者却获得了更大的自由去发掘"光亮与声响"之外的"黑暗与沉默"。这或许有助于建筑师去反思"胜景"与"静谧"之间的差异，进而为后者雕刻出更为清晰的轮廓。我们不能确凿地说经历了这一过程就是进步，但至少对于建筑师来说，他在自己所辟出的道路上又体察了更多。

结语

必须承认，在七月的下午，南京潮湿的天气中造访瞬时桃花源并不是一个非常令人愉悦的体验，尤其是要与肆虐的蚊虫做无休止的斗争。但是当夜幕降临，与一帮知趣相近的友人围坐在树棚之中，吃着瓜，聊着天，气温低了下来，连蚊子都不知所踪，两盏简单的白炽灯给房间以光亮与色彩，而棚子之外一切都归于黑暗的沉寂。也就是在这个时候，大地的深邃与厚重笼罩四方，而建筑对人的庇护变得异常强烈。同行的几位老师与建筑师、项目工作人员，与相遇的几位学生一同谈论这个项目，以及其他与建筑相关的问题。对于我来说，这是在瞬时桃花源中最富有"诗意"的一刻，怀有对"不可度量"的敬意，在建筑护佑下做你认为有价值的事情（图12）。

感谢建筑师为我们提供的片刻"安居"。

（原载于《建筑学报》第566期，2015年11月，在本书中有所改动）

注释

1　KAHN and LATOUR. Louis I. Kahn: writings, lectures, interviews [M]. New York: Rizzoli International Publications, 1991: 224.

2　同上: 309.

3　同上: 338.

4　李兴钢. 静谧与喧嚣. 2015.

5　HEIDEGGER and HOFSTADTER. Poetry, Language, Thought [M]. New York: Harper & Row, 1975: 221.

6　同上.

7　同上: 215.

8　同上: 221.

9　HEIDEGGER, MACQUARRIE and ROBINSON. Being and Time [M]. London: SCM Press, 1962: 208.

10　HEIDEGGER. Basic Writings [M]. Rev. ed. London: Routledge, 1993: 362.

11　李兴钢. 静谧与喧嚣. 2015.

12　同上.

13　NESBITT. Theorizing a new agenda for architecture: an anthology of architectural theory, 1965–1995 [M]. 1st ed. New York: Princeton Architectural Press, 1996: 244.

14　ROSSI. The architecture of the city [M]. American ed. Cambridge, Mass.; London: Published by [i.e. for] the Graham Foundation for Advanced Studies in the Fine Arts and the Institute for Architecture and Urban Studies by MIT, 1982: 40.

15　同上: 41.

16　NESBITT. Theorizing a new agenda for architecture: an anthology of architectural theory, 1965–1995 [M]. 1st ed. New York: Princeton Architectural Press, 1996: 24.

17　KANT, GREGOR and WOOD. Practical Philosophy [M]. Cambridge: Cambridge University Press, 1996: 269.

18　SIZA and ANGELILLO. Writings on architecture [M]. Milan: Skira ; London: Thames & Hudson, 1997: 104.

19　见HEIDEGGER, MACQUARRIE and ROBINSON. Being and Time [M]. London: SCM Press, 1962: 210–224.

20　同上: 100.

21　HEIDEGGER. Basic Writings [M]. Rev. ed. London: Routledge, 1993: 159.

胜景几何、诗意与静谧
——与青锋的讨论

李兴钢

　　青锋说，那些愿意用文字总结自己思想脉络的建筑师认同文字与建筑之间存在某种统

一性，而且能够被话语所揭示。而像他这样的研究者或评论者鼓励建筑师使用文字工具，从

而可以"凭借文本与建筑的共通性，获得一条更为便捷的道路去理解和评判建筑师的思想与

实践"。不过遗憾的是，我其实并非是一位热衷于写作的"形而上学建筑师"。其因之一是

由于少年时代的特殊经历，使曾梦想当作家的我对于写作产生了极大的困惑和畏惧，每每遇

到文字任务便如临绝壁、望而却步，对擅长文字者衷心钦佩，但同时又对别人和自己的文字

暗含苛刻要求。其因之二是我内心里并不相信文字和建筑之间存在着完全统一的可能性，文

字终归是文字，建筑终归是建筑，同一个人，心脑的思想和手脚的行动都一定会有差异，更

何况建筑是那种由无数人的心脑手脚共同参与的巨大物质存在。况且我又是一个不擅表达的

人，遑论用文字来表达建筑呢。

但我实际上又逼迫自己写了对我来说已不算少的文字，虽然每次动笔都是一个异常痛苦纠结的过程，但经历挣扎与磨砺之后，却也发现，通过书写可以尽可能梳理清楚在做建筑的过程中那些偏属于感性的线索和问题，而这些线索和问题对于建筑师来讲常常是颇为重要的。特别是近几年由于要做展览、出作品集的机会，写了一些不局限于某个项目而更为宏观性的文字，以总结自己过去的实践、反省当下的思考、明晰未来的工作方向，这该是有意义的事。而更有意义的则是，可以引出像青锋等这样具有深厚学养和训练的观察者和批评者的关注和批评、讨论，无论对于个人工作还是相关的职业、教育方面，都大有裨益。

很荣幸，我为数不多的文章中有两篇——《胜景几何》和《喧嚣与静谧》，分别获得青睐，他的《胜景几何与诗意》和《从胜景到静谧》这两篇文章对我的写作、思考和相关实践都有非常具针对性的解读和批评。

　　针对《胜景几何》和同名微展，他写了《胜景几何与诗意》发表于中国建筑设计研究院院刊《DR设计与研究》。在这篇文章中他认为"几何"和"胜景"两个概念，不亚于工作室的任何项目——当这两块理念之砖被建筑师安置在一起的时候，一座"理论建筑"开始浮现；并以"几何（人工）与自然的互成，导向诗意的胜景"来概括这个理论架构。紧接着，作为文章批评的主体，他强调了对"自然"、"诗意"、"景"及其相互关系的理解，针对胜景几何对诗意的探寻提出两点提示：一是"敬畏"（纪念性与神圣感），一是"黑暗与沉默"（含混与克制）。

　　我不得不佩服青锋的犀利卓见，他的诚意提醒——诗意问题的根本性和普遍性，诗意胜景之超越文化、地域乃至时代，并非局限于东方传统，是我随着自己思考的深入所愈发认同的；他的恳切批评——我的作品中对于几何和人工性有时过于清晰和强烈的表达，也是我在后面的实践中所努力消解与平衡的。我也希望自己对于胜景几何框架中的"诗意"有更为清晰和明确的认知、表述和追求。

　　当然我也注意到青锋文章观点所基于的海德格尔哲学及他的西方理论研究背景和观察视

角，我隐隐感到一种并非完全认同却又无从反抗的不适。我想大概是因为自己思想愚浊而又

笔力不逮，只有用进一步深入清楚的思考和行动，来回应青锋以及其他的评论者。

　　借由《建筑学报》发表实验项目——南京"瞬时桃花源"（南京大学"格物"设计研究

工作营）和《静谧与喧嚣》（建筑界丛书第二辑）出版的机会，我写了同名文章《静谧与喧

嚣》，对我所思考的胜景几何之"空间诗意"做了进一步清晰化的阐发，在对胜景营造诸要

素强调的基础上，提出了作为工具和语言手段的原型性概念："房"与"山"，分别代表人工

之物与自然之物，并提出一种"新模度"的可能性，与人的身体体验和意念想象密切关联，

以构造和经营人工几何和胜景诗意。"瞬时桃花源"对于上述新的思考和概念都进行了实际

的设计研究和建造实验。

青锋亦针对上面文章和项目，在同期《建筑学报》发表了《从胜景到静谧——对〈静谧与喧嚣〉以及"瞬时桃花源"的讨论》一文。他认同我通过"静谧"、"房"、"山"等概念的建构，意图一端指向胜景几何理念结构的完善和操作方向，一端指向具体操作语汇和策略。他同时提醒我注意对"人工"与"自然"概念的扩展使其间的区别变得模糊，潜在的危险是人工元素可能过于强烈，需要建筑师的谨慎控制。在文章对"瞬时桃花源"项目的分析和评论环节，让我感到有意思的有两点：一是由我在对南京花露岗地段历代地图基础上的复原设计中对空间类型元素普适性的强调，与新理性主义的"形而上学"气质相提并论，从而将其理解为我对"静谧"目标的追求落在坡顶建筑、山、房等类型工具上的内在原因。二是将"瞬时桃花源"中的树亭麦田看作洛吉耶"原始棚屋"及其与农耕的关联，并展开对他在现场所体验到的"黑暗与沉默"、"安居"与"静谧"的描述。在此，海德格尔再次"出现"，我能感觉到他尤为倾心于对应海氏诗意"黑暗与沉默"的"静谧"，超过对应"光亮与声响"的"胜景"，所以他说，用"静谧"代替"胜景"是一个合理的扩展。

青锋写作此文初稿完成后，曾邮件发给我征询意见，我的回信中强调了两点：1.关于"山"这一自然元素中的人工拟山问题，我的思考一方面是中国文化和艺术有"模山范水"并刻意模糊人工与自然界限的传统；另一方面，这一思考暗中指向的是，当代的城市现实中纯自然元素缺少的背景下，为现实的设计操作提供更多的可能性，希望达到与纯自然元素存在情况下相似的目标。2.关于"静谧"，在我的文章中，胜景营造的"空间诗意"是需要通过由喧嚣到静谧的这一空间体验过程来达到的，也就是说，"静谧"并非单指最终到达的那个内在的静态空间（比如"瞬时桃花源"中的麦田空间），之前经历的外部"喧嚣"（比如麦田空间之外的市井和拆迁废墟）同样重要，是获得静谧诗意的重要条件（为此所拍的微电影前面大段篇幅表现市井及到达路径，并很强调前后背景声音的不同对比），所以我很强调"静谧与喧嚣"这一对词以及它们所包含的叙事内涵，并由物质性、身体性的空间体验映射精神性、心理性的空间感悟，对应的是一种"空间性"叙事为特征的诗意，与康的"静谧"有所不同（康的"静谧"与"光明"相对，应更加对应于海德格尔的"黑暗与沉默"）。

　　在此，我想再补充强调的是："胜景"并非仅是一种视觉景象，也并非简单地要被"静谧"所替代。在我的理想中，桃花源是一个可以将"胜景几何"的理念架构、"静谧与喧嚣"的空间诗意、"房"与"山"的经营语汇等我所关心的所有概念元素统领一体的空间模型，它不仅是中国园林（而非我们现今所能见的明清园林）中山水田园、茅屋亭榭、居游耕读的原初模型，而且可以成为处理当代现实中人类生活"安居"困境的一种营造途径和手段，它就是我心目中的真正"胜景"。

　　与我对青锋前一篇文章的感觉相似，很难一下子表述清楚，这里似乎存在一种"大同"中的微妙差异，而这种差异似乎是由于各自的教育、学术背景和思考、观察视角而导致。虽如我在文章中所说，"中国和西方并不是站在地球的两极、文化的两极，它们虽然可能有着相当多的差异，但并不是非此即彼的关系。我并不想着意强调中国与传统，而是倾向思考普适的人性和当代，比如捕捉和思辨个人阅历中所感知到的、碰触到自己内心的那些东西，并推己及人。这些东西有些的确可能是中国的文化和传统里所特有的，而有些我相信是不同的文化和时代所共有的，它们都属于人类和共同的人性，可以超越地域和时代。"但，每一个个体的人又的确是不同的。

　　然而，我非常赞同青锋所说，无论如何，对话和讨论当然是必要的；无论如何，有关建筑这一物质性存在的任何理论分析无法取代"做"的过程中无数的构想与选择。这里面其实无所谓对错，但确实需要建筑师与评论者的共同参与才能实现。衷心感谢青锋兄，也希望今后有更多机会与他探讨，好在这样的机会应该可以很多。

灰色修补匠
——评南锣鼓巷游客中心及商业综合体

模式语汇

　　一个从事计算机行业的朋友告诉我，他正在读C·亚历山大（Christopher Alexander）的《建筑的永恒之道》（*The Timeless Way of Architecture*）[1]，更令人吃惊的是，他是出于自己的职业兴趣来读这本书的，因为他也是一名"Architect"，当下炙手可热的"系统架构师"，而计算机系统的"Architecture"甚至开始在搜索引擎上取代传统建筑所占据的出现频率。很难想象这位数字建筑师能从亚历山大神谕般的语句中找到什么"永恒之道"（或许计算机可以），但他的确提醒了我们另外一个领域的存在：在专业壁垒之外，非专业人士对建筑知识体系的理解与相应的建筑实践。在这一点上，倒是亚历山大的另外一本书《建筑模式语言》（*A Pattern Language: Towns, Buildings, Construction*）更富有远见[2]，他或许没有能够实现为建筑师竖立典范的目标，但是很多DIY业主借助这本书找到了一些让自己的小环境变得更好的"点子"。亚历山大未能建立一套语言体系，却并不妨碍普通人从中挖掘出词汇，而随之而来的日常使用变得更为异彩纷呈。

　　如果你在成都宽窄巷子、北京五道营胡同这样的街巷中加以留意，那么这种感觉将极为强烈。一家小店将店铺面宽的一半退后，形成一个小凉亭，放两个凳子供人休息；一个商铺在橱窗前摆满各式植物，打造成街边花园；一端台阶限定出狭小的临街平台，刚好够两个人坐下喝茶聊天，《建筑模式语言》中那些被称为"散步场所（31）"、"近宅绿地（60）"、"户外亭榭（69）"、"临街咖啡座（88）"、"半隐蔽花园（111）"、"大门外的条凳（242）"的"模式词汇（pattern vocabulary）"鳞次栉比地排布在这些小街上，如教科书一般展现这些模式的多样性与无穷可能性。这些街道的活力，很大程度上要归因于诸多模式的共同作用（图1）。

　　这当然不是说小店的业主们都是亚历山大的忠实读者，而应该反过来说，亚

〈图1〉

历山大是这些业主的忠实读者，这些"模式"的获得正是来源于作者对广泛日常
经验的观察，在有限条件下改善环境质量的"点子"往往可以跨越时间与文化的
疆界，喜欢流连于意大利老城街道的人与时常出没于胡同的人常常是同一帮人。

　　亚历山大"模式语汇"在今天的重要性，更多的不是在于其具体内容的有效，
而是其结构特征。就像他在"城市并非树形"（A city is not a tree）中所谈到
的[3]，这些模式并非按照一个从主干到分叉再到细枝的层级分明的统一体系来组
织的，而是构成一个松散的，由各个相对独立的点所组合而成的网络，但是在每
个点的内部组织则是包容性（inclusive）的，应当囊括量化的、不可量化的、文
化的、传统的、心理的、与情境的多种考虑。最终形成的松散网络本身也是包
容性的，允许各个点坚持自身的独特个性。这实际上也是吉尔·德鲁兹（Gilles
Deleuze）在《千片高原》（A Thousand Plateau）中所倡导的块茎（Rhizome）
模型[4]，虽然他所攻击的目标是传统的哲学之树，但是对洁净的单一层级结构体系
的否定，以及对包容性以及局域性生长的肯定是两人所共有的特点。在建筑史上，

这种倾向最鲜明的支持者是一群被称为"灰派"的建筑师，虽然已经很大程度上被潮流所遗忘，但罗伯特·斯特恩（Robert Stern）——灰派最积极的阐释者——在"五对五"（Five on Five）中对"排他性"与"包容性"的讨论仍然能有助于理解今天的建筑现象[5]。

灰色建筑

将"灰派"建筑立场与南锣鼓巷游客中心及商业综合体项目（以下简称南锣项目）相关联，有一个顺理成章的理由：这个楼整个都是灰色的。建筑师张利自然而然地选用了附近四合院民居建筑所普遍使用的灰砖，意图削弱建筑巨大体量与一旁低矮民居之间的差异。但表面的色彩还不足以使得这栋四层建筑融入南锣鼓巷周边的建筑肌理之中，在传统的类型化操作无法进行的条件之下，还需要其他的手段去建立项目与南锣鼓巷之间更紧密的联系。

实际上，建筑师面对的是一个既轻松也困难的任务。轻松在于这座楼改造之前是一个"奢华"的洗浴中心（图2），无论怎么改都不可能变得更差，而困难在于让一个原本的异物成为属地的一员。在改装成洗浴中心之前，这里是始建于20世纪50年代的电子器件厂，楼里的混凝土框架结构显然是为了满足生产的需求。无论是从功能、体量、结构类型还是外观形态上，厂房对于它所处的内城传统建筑背景都是一个异类。北京数十年规划政策的演变，也让原来的电子器件厂房在法律上成为另一种异类，它不再可能从事工业生产，但也几乎不可能改变规划用途（在北京仅有首钢旧址一个特例）。世事变迁，房子的业主构成也变得错综复杂，拆迁近乎无法操作，况且在这样的黄金地段，拆除也就意味着建筑面积的大幅缩减，经济收益上并不划算。在严格的意义上，无论是当年从厂房变成洗浴中心，还是现在从洗浴中心变成南锣项目，都是既不完全合法，也不完全非法，既

〈图2〉

非从零开始，亦非动弹不得的操作模式，它处于城市管理体系中的一个灰色地带，有它特定的存在方式与新陈代谢。在北京旧城的胡同中，这样的灰色地带并不少见，南锣项目的发展商在这一领域具有丰富的经验。事实上，这栋矗立在巷口的灰楼，也是整个南锣鼓巷的缩影，那些人流如织的店铺大多脱胎于民房，而店家费尽心机拓展出来的阁楼或屋顶平台也都顶着违建的帽子，但即使是政府管理者与执法者也常常在这一灰色地带举棋不定，因为这条街巷的活力正来自于这些身份模糊的衍生物。

相比于表面色彩，这种"灰色"生态环境是南锣项目与"灰派"建筑策略更为接近的地方。不同于白色的纯净与绝对，灰色是各种色彩混杂的结果，"包容性"是斯特恩所定义的灰派最重要的理念之一，与其对应的是实用主义的策略，就像南锣鼓巷中的业主、店主、街道领导、城管所共同形成的默契一样。"大街几乎总是对的"，文丘里（Robert Venturi）这样戏剧性地宣扬灰派的主张，而国庆期间南锣鼓巷这条小街中涌入的十万人流，似乎在说明"胡同几乎总是对的"。建筑师应该是最擅于处理这种灰色情况的职业人士之一，他们工作的很大一部分就是处理各种相互叠加、相互制约的因素，而在传统中擅长此类操作模式的建筑师不绝如缕，从帕提农的后期建筑师伊克提诺斯（Iktinos），中世纪英国大教堂的建造者，到文艺复兴时代的阿尔伯蒂（Alberti）与帕拉迪奥（Palladio），再到现当代的卡洛·斯卡帕（Carlo Scarpa）以及大卫·齐普菲尔德（David Chipperfield），对于这些建筑师，灰色并不意味着沉闷无趣，而是催生新颖解决方案的温床，而成败与否，取决于建筑师如何实现真正的包容。

　　从这一原则看来，建筑师将主要的设计构思集中在南锣项目的南立面与东立面是符合逻辑的，因为这是原厂房与周边环境相接触的两个最为重要的界面，一个面向平安大街，一个面向南锣鼓巷。原来的洗浴中心的主入口在南立面上，改造后这种并不常见的从山墙进入的格局获得了保留。因为西边一个中式教堂的存在，厂房被夹成了L形。有趣的是，那座教堂竟然是一座庑殿顶的大殿，教会利用传统建筑拉近百姓的意图不言而明，僭越礼制的屋顶等级或许意在超越世俗的纪念性，而大殿的南北向布局以及从庑殿南侧山墙进入的方式只能用巴西利卡的建筑原型来解释。看来，灰色的策略在这里甚至可以追溯到民国，而这座被荒弃的教堂无论在哪个层面上都比南锣项目有着更强烈的后现代主义的特征。

　　对于建筑南端的改造是整个项目中动作最大的（图3）。除了添建钢结构体块，以容纳公共楼梯与电梯以及一个通高的中庭外，建筑师还将立面向北倾斜成为一道斜面，这有助于减轻整个立面的体量感，同时产生对向南锣鼓巷口的强烈指向性。即使在加建之后，楼的南面仍然有一块空地，这是早先一座民宅内院的所在地。业主要求保留内院的印象，建筑师设置了一道数度回转的开放楼梯，围绕一道灰砖墙辗转爬升。这并不是内院的形象，但是由此获得的多样层级、行进间的场景变化，以及二层南面的可直达性，从某种程度上延续了内院的活力与交通特性。从另一个角度看，楼梯作为过渡强化了立面与街道之间的关联，它在南北向的延伸使整个南立面获得了纵深，显著改善了南立面的局促感，只是二层的黄色

〈图3〉

图4：东立面（图片来源：简盟提供）
图5：此前在夹缝中生长的树（图片
来源：简盟提供）

玻璃块如果能更接近于门的形态特征或许能让建筑变得更为沉着和明确。

　　东立面的尺度非常巨大，对整个南锣鼓巷的肌理节奏形成了威胁，任何过度的操作都可能干扰人们对街巷氛围的期待。张利最终采用了一种简明的处理手段，用一层镂空灰砖墙覆盖整个立面（图4）。砖墙的平静有助于压制建筑的侵略性，而有规律的洞口与光影变化避免了墙体的厚重与密实。完整的砖墙立面能将整个建筑物塑造为一道墙体片段，作为屏障划定了南锣鼓巷的边界，而不是让自己成为主角，抢夺游览者的目光。不过，建筑师的美好设想也不得不受到商业利益的挤压，一块LED显示屏以及两块大尺度广告破坏了镂空墙体的整体性，这是在灰色地带所要付出的代价，有时也着实令人痛苦。因为没有南立面那样的前院作为缓冲，整个东立面贴近场地边界，挤压的紧迫由此产生。一颗在夹缝中顽强存活下来的树成为这种挤压状态的遗产，被挤扁的树干陈述着夹缝中痛苦，而它还活着的事实则说明极端之间仍然有通融的可能（图5）。为了标定场地边界，建筑师保留了原有围墙的下部，像处理文保遗址般地砌入新建墙体中。在缺乏明确

〈图4〉

〈图 5〉

产权文件的模糊状态下，实体的墙根仍然是最有效的凭据。

　　与建筑处理上的肯定和明晰形成对比的是，这座建筑的功能却是不确定的。框架结构的灵活性提供了最大的开放限度，使用方式的不确定实际上来自于整个南锣鼓巷片区的不确定性。甲方与管理者试图利用这里为南锣鼓巷注入更多文化内容，但如何操作，能否成功都是未知数。即使是整个片区，在北京内城人口疏散的总体策略下，扩张还是收缩，严管还是放松只能走一步看一步。南锣项目目前界乎商业半商业的经营状态是这种模糊发展策略的产物。但在未来更大的可能性是成为一座库哈斯意义上的"摩天楼"，每一层都是一个不同的"异托邦"，可能有人带着拳击手套吃牡蛎，也可能有人追逐网红作秀如痴如醉。东立面的妙处也在于此，无论怎样的荒诞，都被掩盖在灰黑两色的镇定之下。

修补匠

　　站在南锣项目加建一层的屋顶上，天气好的时候不仅能看到两旁的南锣鼓巷口与教堂庞大的庑殿式屋顶，还能远眺西南方向的景山与西北方向的鼓楼，能够拥有这样历史背景的景观条件，即使在北京也并不多见。这要归因于甲方在各方纠缠之中腾挪辗转的能力。往下看去，胡同中星罗棋布的餐馆、咖啡馆大多要在自己狭小的店面上挤出一片屋顶平台，让人体验身处四合院屋顶之上的不同观感。这种做法无论是在建筑意义上还是法律意义上，与南锣项目如出一辙。它们都从属于房屋使用者在有限范围内（空间、法律与经济上），以温和的手段对自身环境的改良，在《拼贴城市》（*Collage City*）中柯林·罗（Colin Rowe）借用列维·斯特劳斯（Claude Lévi-Strauss）的概念称之为"修补匠"（*Bricoleur*）模式[6]，通过局部的独立修整，而不是大规模地更替或者是整体性解决方案来推进城市发展。这也就意味着放弃用一套理想的原则与操作模式去约束所有行动，也意味着对不同修补匠之间的差异性保持宽容，就像马尔格雷弗（Harry Francis Mallgrave）所指出的，柯林·罗曾经是灰派的对立面——白派的理论棋手，但是在《拼贴城市》中他完全倒向了灰派，他写道，"设想一些小规模的，甚至矛盾的片断的集合，要优于对全面的、'无差错'解决方案的幻想。"[7]这一结论是在经历了现代社会种种"乌托邦"方案的"善意"（good intention）所带来的惨痛教训之后[8]，才获得的。以赛亚·柏林（Isaiah Berlin）那著名的"刺猬"与"狐狸"的对比也被柯林·罗所借用，修补匠们显然更接近于狐狸，而柏林证明，这也是唯一合理的选择，因为我们所秉持的核心价值在本质上就是不相容的。所以"功利主义的解决方法有时是错误的，但我怀疑，在更多的时候是有益的"[9]。

南锣项目以及整个南锣鼓巷就是这些修补匠、狐狸、功利主义者的成果。对于建筑与城市研究者来说，它们存在的意义除了人流与效益之外，还在于作为北京城市发展策略的"异端"（heresy），提醒我们另一条路径的可能性。在这个星球上很难找到第二个城市像北京一样受到从区域规划到买房买车等，如此严密、如此全面的管控和约束。但严格的规划管理并未让这个城市变得更为有趣，反而是后海、烟袋斜街、南锣鼓巷、五道营胡同这样从灰色地带中"修补"出来的区域变得更有活力。这些例证表明，狐狸般的修补匠也同样可以是城市品质的优秀贡献者，有时我们可以依赖那只看不见的手，而不是一个全能的主宰者。

在我所结识的建筑师中，张利也恰恰是最符合这种灰色修补匠特征的，不仅仅是他教授、主编、建筑师、申奥陈述人等异常多元的身份，在他的作品中——玉树嘉那嘛呢游客服务中心、潘家园旧货市场改造、安东卫绳网市场改造，以及当下的南锣项目——一个擅于从局部限制出发，拒绝普遍性解决手段，在偶然性的条件与应对中，试图包容多元价值传统的建筑师形象显露无遗。多元性几乎是所有人都认同的原则，但是一个优秀的建筑师要真正践行它，要比一意孤行困难得多。所以，当斯特恩最终在张利老师与笔者所工作的清华校园中，开始建造一座真正的"灰派"建筑——苏世民书院时，我们看到了轴线、方院与传统屋顶的正统，但是更为深入的包容性与丰富性依然无处可寻。所以我们不得不承认，抛开概念血统，南锣项目比苏世民书院"灰"得更为彻底。不过，这也不应怪罪于斯特恩，或许只有回到复杂的城市中，就像是南锣鼓巷口，修补匠们的热情与才华才能找到用武之地。

（原载于《时代建筑》第146期，2015年11月，在本书中有所改动）

注释

1　ALEXANDER. The timeless way of building [M]. New York: Oxford University Press, 1979.

2　ALEXANDER, ISHIKAWA and SILVERSTEIN. A pattern language: towns, buildings, construction [M]. New York: Oxford University Press, 1977.

3　THACKARA. Design After Modernism: Beyond the Object [M]. London; Thames and Hudson. 1988: 67–84.

4　DELEUZE and GUATTARI. A thousand plateaus: capitalism and schizophrenia [M]. London: Athlone, 1987.

5　STERN, ROBERTSON, MOORE, GREENBERG and GIURGOLA. Five on Five [J]. Architectural Forum, 1973, 138 (4).

6　ROWE and KOETTER. Collage city [M]. Cambridge, Mass.; London: MIT Press, 1978: 102–103.

7　转引自MALLGRAVE and GOODMAN. An Introduction to Architectural Theory: 1968 to the Present [M]. Malden, MA: Wiley–Blackwell, 2011, 2011: 46.

8　参阅ROWE. The architecture of good intentions: towards a possible retrospect [M]. London: Academy Editions, 1994.

9　BERLIN and HARDY. The Crooked Timber of Humanity: Chapters in the History of Ideas [M]. New York: Knopf, 1991: 17.

　　青锋在南锣左右时代项目的评论中使用了"修补"一词，这是非常令人兴奋的。事实上，当我们着手进行这个项目的设计时，在一个已经成为旅游目的地的边角进行"修补"正是第一个进入脑海里的概念。

　　在20世纪80年代至21世纪初我国的城市化进程中，拆除与新建是一个基本的模式，基于短缺思维的"有无"问题被置于首位，时间所积累的价值没有得到充分的认知。这一情况在近年得到了明显的改变，我们清晰地感觉到建筑文化的关注从瞬时向长期转变，也从物性向人性转变。青锋所代表的新一代建筑批评家把他们的视野向着城市混合功能的"修"与公共性的"补"转移，这对中国当代建筑来说绝对是好消息。

在边缘……我们放弃了对不依靠任何参照行事的信仰，重新考虑地理条件与历史的补足性本质。

——阿尔瓦罗·西扎，《建筑文集》（*Writings on Architecture*）1997

从边缘出发
——《世界建筑》第300期《智利本色专辑》篇首语

在他的名篇《论文字学》（*Of Grammatology*）中，雅克·德里达（Jacques Derrida）试图解构西方思想体系中一直存在的中心优于边缘的二元结构。这一哲学批判实际上延续了15世纪神学家库萨的尼古拉（Nicholas of Cusa）所做的类似推论，为了维护神绝对性的至高无上，他只能放弃宇宙中心与边缘之分，从而破坏了亚里士多德宇宙模型，为新科学的诞生扫除了部分阻碍。然而，跨越500年的努力并不足以动摇人们对中心的常识性认同。毕竟我们只能从自己的身体出发，渐次接触周围的事物。维护中心的优越性实际上出于原始的生存本能，这几乎是不容选择的。即使是在更大的范畴中，当身体的控制性退隐之后，也还有传统与既存体系在支持中心的权威。作为"中国人"，这种影响更为明显。"中国"的称呼，至少可以上溯到《尚书·梓材》篇，从那时开始，我们对国家与民族的认同就与中心/边缘的差异性相互关联。近40年来经济与政治实力的上升以及国家策略的制定，进一步强化了民众对中心性的渴望。无论承认与否，在不断取得成功的同时，我们的确面对越来越强烈的危险可能滑向中心的傲慢。一种抗衡的方式是对边缘给予更多的关注，比如一个处于世界"边缘"的国家——智利。

将智利描绘为"边缘"显然会招致批评，之所以要露出破绽是为了承认我们的无知。谈到这个国家时，我们想到的或许是复活节岛、麦哲伦海峡、前往南极旅游的中转地以及英超阿森纳球的正选前锋，除此之外，所知甚少。这不仅是除了南极之外距离我们最远的大陆尽端，也从未在我们的知识体系与利益架构中扮演任何重要角色。"边缘"既是这个国家对于我们的印象，也同样是描述我们自身贫乏认知的准确词汇。

从另一方面看，这一描绘也有一定的客观性，因为它也是很多智利人自身的看法。对于智利（Chile）国名来源的一种猜测是美洲原住民所称的"世界的尽头"，如果这种说法成立，无疑与"中国"的来源形成完整的互补。而对于智利知识分子而言，地理上的边缘仅仅是一个戏剧化的索引，将讨论者引向建筑话语体系中北半球对南半球的制约与忽视。在很长一段时间中，拉丁美洲仅仅被视为北方现代主义体系扩展和移植的一个范例，奥斯卡·尼迈耶（Oscar Niemeyer）与卢西奥·科斯塔（Lucio Costa）在巴西的工作被当作现代主义普适性的证据而被纳入典型历史论述当中。仅仅是在最近一段时间，这一地区的建筑师与作品才开始得到更多的独立评价，保罗·达·洛查（Paulo Mendes da Rocha）与斯米连·拉迪奇（Smiljan Radic）等新老两代建筑师获得广泛的国际声誉，西方主流评论体系也通过展览等形式来弥补对拉丁美洲的认知不足。智利人在这一潮流中有特殊的贡献，由戴维·阿萨埃尔（David Assael）与戴维·巴苏尔托（David Basulto）创立的ArchDaily网站是今天发展最快的建筑网络媒体之一，拉丁美洲建筑师通过这一途径获得了更多被世界所了解的机会。有趣的是，这一网站的创立动机之一就是"边缘"对"主流"的反击，阿萨埃尔与巴苏尔托试图给予那些无法在主流媒体中获得发表机会的年轻建筑师应得的关注。今天这种关怀已经惠及全球各地的"边缘"建筑师们。

　　然而我们不应用边缘与中心的对抗来简单解释智利建筑师的意图。1968年的巴黎学生与2006年创始的ArchDaily（最初名为Plataforma Arquitectura）都不满于传统主流体系的统治，但前者导向了巴黎美术学院建筑系的终结，而后者则专注于一个新体系的建设；前者急于颠覆或者翻转中心/边缘的差异性地位，而后者并无对抗的野心，反将边缘视为恰当的起点。本专辑中所收录的当代智利建筑作品均持有这样和缓的建设性心态。

　　对于这些建筑师而言，边缘不是企图取代中心的竞争者，而是身边未能受到足够重视的人与场所，他们的作品无一例外聚焦于这一边缘地带的建设。不难看出，入选作品均为公共建筑，绝大部分项目的受益者是孩子、原住民、城市平民等往往处于弱势的群体，公共性与社会关怀是项目选择上未加掩饰的标准。尽管只是少数几个案例，这些作品实际上是近年来智利不断增长的公共项目的缩影。

持续的经济增长与社会投入使得建筑师能够摆脱精英私人住宅的项目限制，更广泛地影响大众的日常生活。将智利描绘为乌托邦是不现实的，但是如阿萨埃尔与巴苏尔托所写到的，过去十年智利社会中"教育、医疗和就业的不平等"得到了大幅的缓解，建筑师是这一显著改变中不容忽视的积极因素。

如果说上述讨论仅仅涉及了建筑师的社会立场的话，那么阿尔瓦罗·西扎（Álvaro Siza）在文首的那句话可以用来概括这些建筑师的核心设计策略。这可以被称为一种"边缘姿态"，当你不是作为中心主导者制定规则并强硬推行的话，自然会对各种周边条件有更多的尊重与妥协。因此西扎说地理条件与历史成为身处边缘的建筑师们的合理选择。本专辑所收录的项目鲜明体现出这一敏感性，对当地气候、水土条件、住房传统、城市肌理、历史建筑、手工艺技术的尊重是这些项目所共有的特征，谦逊在这里成为一种美德。这些作品可能缺乏主流媒体所期盼的惊世骇俗，但是它们阐明了自己的原则，建筑服务的不是猎奇的读者，而是一个马普切部落、一群受到洪水威胁的市民、加工柳条的手工艺者、贫民区的天主教徒以及田间休息的农人。只有这些具体的人居住在建筑所处的地方，面对气候的变迁，也只有这些人在共有的集体记忆中延续生活的价值。地理和历史所承载的是一个真实使用者的生活方式，而当一个人受到这样的尊敬，中心或边缘已经不再重要。

这就是我们想要获得的结论。即使我们认同中心性源于保护身体的动物本能，也无法否认不同于其他动物的人具有某种特殊性，那就是尊严。而康德认为，这种尊严的体现方式之一就是人作为目的而非手段，这就意味着你不能通过将他人贬斥为边缘而强化自身的中心优越性。对他人的尊重就是对边缘的尊重，因为相对于自己，他人的确处于边缘。这也就是说，我们需要道德原则来约束动物本能，这也构成了人自己的尊严。

在这些智利建筑师的作品上，我们的确可以感知到这样的伦理厚度。它们所展现的不仅仅是一个地区、一个群体、一个时代的专注，也同样有建筑作为一个学科与行业所遵循的根本性原则。从边缘出发，不是为了占据中心，而是如库萨的尼古拉与德里达所期望的，打破中心/边缘的狭隘限制，为更多的可能，更全面的体验，更深入的理解开启空间。

（原载于《世界建筑》第300期，2015年6月，在本书中有所改动）

请简单地告诉我，死后的我将会是怎样的？请务必清晰、准确地回答。

——万物与虚空。

——亚瑟·叔本华（Arthur Schopenhauer）

关于死亡与建筑的片段沉思

送别

数月以前，前往八宝山殡仪馆参加一位前辈学者的遗体告别仪式。在这个全国最知名的悼念场所，送别一位备受尊敬的学者，很多学生从四面八方赶来向老师作最终的致敬。而令送别者本已沉重的心情更为阴郁的是，这里很难说是一个令人满意的仪式场所。即使抛开建筑从业者的职业标准，以一个普通人的眼光去看，八宝山殡仪馆这一片向市民开放的区域与我们对送别的情感期待仍相去甚远。同时进行的仪式、狭仄的等候场所、空旷的平台、花圈焚烧的烟尘以及停车场上的熙来攘往。虽然我们能够想象超大型城市殡仪场所的紧张，但眼前的混乱与嘈杂依然令人惊讶，这也许是这个城市中最令人失望的公共设施之一。

告别仪式虽然是集体性活动，但对于参与者来说，是一个非常私密的行为。在一个沉默的环境中直面逝去的人，感受最强烈的是对他（她）的回忆，过去的交往、曾经的言行、喜怒哀乐、人情世故。在这最后的接触中，甚至是仪式参与者与自身的关系都变得更为强烈。"他人的死亡对我们的影响就在于我与他的死亡的关系。在我的关系中，在我对那个无法再做出回应的人的尊敬中，已经存在一种负罪感——作为幸存者的负罪感。"[1]列维纳斯（Emmanuel Levinas）认为，面对他人的死亡，我们将意识到"我对他所负有的责任"，进而塑造了一个"负责的'我'"，这也成为我们个体的身份认同（identity）的一部分。这的确是遗体告别仪式之所以动人的原因之一，面对这位师长，"我是他的学生"的意识从未如此强烈。

而对于逝去的人，死亡也同样是最为私密的事情。无论一个人拥有多少支持者，怎样丰富的资源，最终去经历死亡的只有自己。在死去的那一刻，现实的一切相互关系都被切断，既无所依靠也无法逃避，每一个人都只能独自面对死亡。在这种极端的情况之下，人实现了终极的独立自主（autonomy）。无论生前怎样逃避，人的个体性（individuality）这一根本性特征将最终在死亡的一刻得到彻底的揭示，这也是海德格尔认为"向死而生"（being-towards-death）是"真实存在"（authenticity）的根本条件的原因[2]。

八宝山所缺乏的就是这种私密性。当我们需要一个亲切和安静的环境去回忆死者作为个体的一生，以及生者对他（她）所负有的责任时，人流、车辆、噪声所带来的干扰强烈影响了人们本应持有的情绪。应该有一个更为理想的场所来完成这一私密的仪式。八宝山的嘈杂要归因于当代城市丧葬体系近乎"工业化"的操作模式，但是建筑师并非对此无能为力。60多年以前，阿尔瓦·阿尔托（Alvar Aalto）已经对这一问题做出了绝佳的回应。他在1950年与1952年分别设计的赫尔辛基玛尔摩殡仪馆（Maim Funeral Chapel）与丹麦灵比公墓（Cemetery at Lyngby）（图1、图2），都基于这样的目的：在丧葬"准工业流程"的条件下，仍然给予丧葬仪式富有人情味的氛围。这是阿尔托一生都坚持探索的目标，要"使机器时代变得人性化"[3]，"让物质世界与人的生活和谐共处"[4]。在这两个项目中，阿尔托应对高频率丧葬活动相互干扰的策略，是设置2~3个相对独立的悼念组团，每一个都有独立的入口，相对封闭的围合，宽裕的等候区域，以及互不干扰的流线。单坡屋顶、院落、凉廊等语汇体现出建筑师旨在营造近似日常住宅尺度与场所感的明确意图。尤其是灵比公墓，院落的嵌套、屋顶的错落、流线的区分以及植被的点缀，可以想象，在如此亲切和宁静的建筑环境中，人们仿佛就在村庄中送别熟识的逝者。这样的设计并不妨碍墓地一天举行十余次悼念仪式，但逝者与每一个仪式参与者都能获得尊重与关怀。

在阿尔托的设计中，很容易看到另一位建筑师的影子。阿斯普伦德（Erik Gunnar Asplund）在1935~1940年间设计并建造完成的林中墓地火葬场，在很多方面预示了阿尔托此后的设计（图3）。不同于八宝山殡仪馆，以及先于它的无数欧洲常规殡葬设施将纪念性的悼念建筑放置在轴线尽端的做法，阿斯普伦德将3个

图1：阿尔托，玛尔摩殡仪馆方案，
1950，赫尔辛基，瑞典（图片来源：
刘蔚然 绘）
图2：阿尔托，灵比公墓方案，1952，
丹麦（图片来源：李基世、盛景
超 绘）

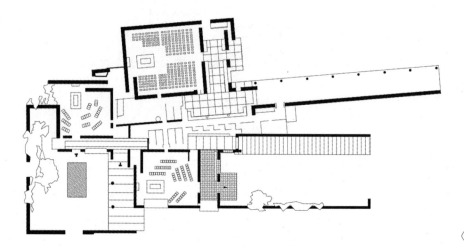

〈图 1〉

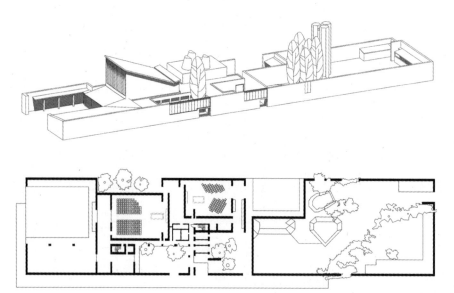

〈图 2〉

〈图3〉

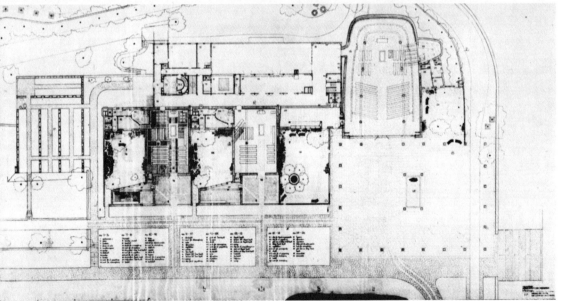

礼拜堂与火化设施放置在进入道路的一侧，在另一侧则是空旷而纯净的大草坪，仅有一座十字架以及山丘上的"沉思林"与草坪上云朵和树木的影子相互回应。对于两个小一些的礼拜堂，阿斯普伦德设计的前院，院两侧的单坡挑檐显然是为了创造传统院落的家居感，它们使得黄色石材的肃穆获得了软化。建筑师小心翼翼地处理了仪式参与者、等候者、遗体各自的区域与流线，避免了交叉干扰。最北端的大礼拜堂也拥有自己的"院落"，阿斯普伦德将它处理成开放的凉廊，既类似神庙，也接近城邦广场周边的柱廊。人们在这里汇聚，然后在大礼拜堂中告别那位对大家具有重要意义的逝者。

林中墓地作为阿斯普伦德最杰出的作品，毫无疑问也是人类历史上最优秀的丧葬建筑之一。与阿尔托未能实现的两个设计一样，它所关注的是亲切和私密的告别。在这样接近日常生活的场景中，死亡所常有的恐惧被极大地削弱了，人们仿佛不是在参加什么生死离别的仪式，而仅仅是在家中或某个熟悉的场所与某个亲人或友人告别。逝者看起来就像是一个将要出发的行人，"死亡仅仅是一次出发，一次朝向未知的出发、没有归来的出发，以及'没有前进地址'的出发。"[5]

永生与重生

出发与送别是日常生活的一部分，阿斯普伦德与阿尔托的设计之所以令人感到慰藉，就在于将死亡变成了日常生活中的一个事件，帮助人们去接受和面对它。当常规丧葬建筑的纪念性与沉重感被日常建筑的轻快与含蓄所取代，死亡也借助日常行为的情感结构消融在生活的流淌之中。从这一点上来说，两位建筑师的设计在根本上是"现代"的，只是这里的"现代"远远超越了现代主义的概念，涵盖了"祛魅"（disenchanted）之后人们对世界，对生命，对死亡新的理解。而这一理解的核心之一就是查尔斯·泰勒（Charles Taylor）所强调的，对日常生活的肯定[6]。当人们不再认为有一个超验的秩序来给予生命意义，那么什么样的生活值得去过就成为一个悬而未决的问题。而无论答案是怎样，它也只能在生活之内去寻找，甚至是关于死亡这样难解的主题。正是在这一层面上，阿斯普伦德与阿尔托对日常生活场景的再现，使他们迥异于历史上最为常见的丧葬建筑类型。后者所依赖的，往往是日常生活中未能体验到的情景——永生与重生。

对"后世"（afterlife）的设想，是人类应对死亡最古老也最有效的方法之一，几乎在每一种有悠久历史的文化中都能找到某种表现形式，它对死亡提供了一个结构性的解答：这并不是生命的终点，而另一个阶段的起点，丧葬建筑能够帮助逝去的人顺利开启新的旅程。不同于林中墓地世俗化告别仪式对逝者"前进地址"的沉默，这些传统文明往往对于死后的生活与目标有着明确的描述。

金字塔或许是此类丧葬建筑最典型的代表。古埃及人认为死亡只是肉体机能的终止，而真正容纳生命本质的是灵魂，它并不随死亡所终结，而是可以继续存活下去。尽管如此，这一灵魂的一部分仍然在某些时段需要身体作为载体去吸收养料，因此逝者被制作成木乃伊来实现长久的保存。法老作为神在现世的体现，在死去之后他的灵魂将回归到众神所在的上天。因此，对于金字塔内部通向金字塔表面甬道的一种常规解释，是留给法老灵魂回归上天的道路，而金字塔本身的形态和比例与天象的关联对这种解释提供了支持。

如果死亡只是一个站点，而下一个目的地可能更为美好的话，那么就没有任何理由对此感到惶恐。这正是苏格拉底死前最后一天在监狱中解释给他的朋友们的。被谬误与欲望所左右的身体实际上是囚禁灵魂的监狱，而死亡能够达成最终的解放。就像囚犯不应当越狱，人们不应通过自杀来摆脱身体，苏格拉底通过从自己的哲学立场出发接受死刑，却也获得了最完美的结果，因此他说："那些正确地从事哲学的人的目标之一，是以正常的方式经历死去与死亡。"[7]苏格拉底最后的话是让克利托（Crito）给阿斯克勒庇俄斯（Asclepius）献祭一只公鸡，感谢医药之神让他脱离身体的病痛纠缠，实现灵魂最终的康复。不同于埃及人，苏格拉底的灵魂不再需要身体的中介，或许这可以解释在公元前5世纪的希腊，很多人采用火化的方式来处理遗体。相比于灵魂的永生，躯壳并无值得留恋的地方，墓葬建筑在希腊文明中的地位并不显要（希腊化时期的哈利卡纳苏斯陵墓是一个特例）。

永生通常被认为是一种嘉赏，但重生的地位则模糊得多，因为人们对于活着这一事件的价值并不肯定。继承自早期犹太教的重生概念在基督教教义中发展成为最为重要的理念之一，耶稣在死去第三日的重生不仅是神性的体现，也与人的救赎密切相关。乐观的观点认为，受到上帝眷顾的人也能够像耶稣一样在某一天获得重生，而更为严峻的观点则认为重生意味着最终的审判，有的人会进入天堂，而有的人会堕入地狱。

如果能够像苏格拉底一样设想一个脱离身体束缚的后世，那么在现世的重生甚至是一种惩罚。这也是东方佛教徒的看法，轮回是比单一的死亡更为痛苦的经历，唯一的解脱是通过佛修跳出轮回，不再重生。在中国，正是通过佛教的引入，火葬开始在某种程度上取代传统的土葬[8]。这一转变也持续遭受到国家政权与儒家知识分子的抵制。在他们看来，按照《礼记》等儒家经典所完成的安葬仪式对于祖先魂魄的安宁至关重要，而这也将间接地影响后代在现世的生活。因此，佛教徒的火葬方式往往通过小尺度的地上纪念物来标记，而儒家传统的土葬重心则倾注于地下墓穴的营造，地面建筑的仿形、画像、陪葬品也都服务于一个与现世并无太多差异的后世。对于前者，轮回之中的现世与后世皆是痛苦，而对于后者，现世仍然是值得延续的生活方式。

在火焰中重生同样是一个在各个文化中普遍存在的信念[9]。它一方面来源于对火作为宇宙原初动力的信仰，另一方面也来自于火焰中遗体随着烟雾飘向天空的象征性理解。凤凰是这一信念最典型的代表，无论在古希腊、波斯、印度还是中国、日本，浴火重生都是这种神鸟宗教内涵的核心。正是基于火焰与重生的文化关联，19世纪末20世纪初现代"火葬运动"（cremation movement）的支持者也曾经以此支持火葬的推广，将死亡与重生联系起来，使得大众能够接受这种丧葬方式。但实际上，19世纪后半期最早开始向大众推广火葬的主要是医学从业者，比如维多利亚女王的私人医生亨利·汤普森爵士（Sir Henry Thompson）。他们主要出于医学与经济的目的推行火葬。这一科学化的进程实际上起始于启蒙时代，疾病控制与人口增长的压力迫使人们终止在教堂内或教堂周边安葬死者的传统，政府开始主导墓地的规划，安葬仪式越来越远离宗教的控制，转向成为一种家庭事件，甚至是私人事件[10]。很少有案例像丧葬仪式这样明确地体现了"祛魅"的转变。

但是理性说服并非唯一的手段，"火葬运动"的早期支持者们仍然需要借助于建筑形象使得火葬能够与人们的传统意识相互衔接。在早期的火葬建筑中，焚化设施通常被掩藏于后，而前方大厅则给予纪念性与宗教性的处理，古代庙宇与教堂仍然是这些设施的主要类型来源。此类建筑在现代建筑史上最重要的案例，是彼得·贝伦斯（Peter Behrens）1907年完成的哈根火葬场（Hagen Crematorium）——普鲁斯王国第一个现代火葬场（图4）。哈根火葬场可以被视为贝伦斯建筑生涯中转折性的作品，早先在达姆施塔特（Darmstadt），学习作画出生的贝伦斯通过对亨利·凡·德·维尔德（Henry Van De Velde）的学习成为德国新艺术运动的领袖。但是在担任杜塞尔多夫工艺美术学校校长之后，贝伦斯越来越强烈地受到尼采哲学的影响，哈根火葬场标志着贝伦斯脱离青年风格（Jugenstil）对曲线形态以及有机装饰的迷恋，转向雄健有力，甚至过于沉重压抑的查拉图斯特拉风格（Zarathustra style）。新的信念一直贯穿贝伦斯此后的生涯，延续到此后的AEG透平机车间、圣彼得堡德国大使馆等建筑中。

尽管对佛罗伦萨圣米尼亚托阿尔蒙特教堂（San Miniato al Monte）罗马风建筑的借鉴极为明显，但贝伦斯的建筑有着更深刻的内涵。建筑师抛弃了佛罗伦

图4：贝伦斯，哈根火葬场，1907，
哈根，德国（图片来源：http://
john-steppling.com/wp-content/
uploads/2015/07/peter-beh-
rens-e1438020235982.jpg）

萨原型中巴西利卡的双侧廊以及典型的罗马风拱券，代之以更接近于希腊神庙的

山墙与柱列。整个建筑体量被棱镜般的齐整边缘清晰刻画出来，建筑外表面由黑

白大理石构成的方形与圆形纹样进一步强化了建筑的几何性。相比于圣米尼亚托

阿尔蒙特教堂，哈根火葬场保留了位居山顶的高耸与统治性，但体量与形态均更

为强硬。独自矗立在粗石砌筑的平台之上，在宗教联想与纪念性之外，建筑显露

出一种孤独的英雄性。弗里茨·诺迈耶（Fritz Neumeyer）指出，尼采的超人哲

学能够揭示查拉图斯特拉风格的内涵，"要与远方以及完美并肩——它需要高度！

而因为它需要高度，也就需要梯步，以及梯步与攀登者之间的斗争！生命渴望攀

登，并且，在攀登中，她超越了自己。"[11]哈根火葬场所体现的就是尼采所说的超

人（Übermensch）意志。在上帝死去之后，在失去任何的价值支撑之后，每个人

只能用自己的方式构建英雄的自我，以自己的意志赋予事物以意义，使得生活具

〈图4〉

有整体的价值。哈根火葬场的孤独与强硬，都来自于英雄意志不可避免的独立与执着，因为他并无上帝可以依靠，而软弱则会导致所有存在价值的崩塌。

尼采使用了现代思想史上最著名的设想来检验英雄意志，那就是"永恒重现"（eternal recurrence）[12]。假设每个人在死去后都会重生，并且重复直至永恒，而唯一的条件是现世的一切都将原封不动地再次重现，是否能够接受"永恒的重现"是衡量英雄意志是否健康的标准。在尼采这里，重生成为一种重负，"'你是否想要当下再一次重现并且此后无数次的重现'将成为最沉重的压力压迫你的行动。"[13] 任何不足经过永恒重现都将变得无法接受，除非英雄意志在现世的任何时候都以最大的努力、最竭尽的方式完成了对任何事物的价值构建。能够做到这一点的人，就是超人，对于它，现实条件已经无关紧要，因为这已经是他所能实现的最完美的世界。于是，查拉图斯特拉被称为讲授"永恒重现"的老师，重生变成超人的检验标准。

虽然AEG透平机车间是贝伦斯在现代建筑史上最受人瞩目的作品，但如果我们抛弃现代主义的回溯视角，从建筑师自身的观点去看，将死亡、重生、英雄意志、查拉图斯特拉风格融为一体的哈根火葬场或许才是贝伦斯最具代表性与戏剧性的作品。而这种对尼采式的英雄意志与自我肯定（self assertion）的认同，绝非贝伦斯所独有。当密斯·凡·德·罗说他在贝伦斯那里学习到了"伟大形式"（great form）时，显然不仅仅是指建筑形态。诺迈耶强调了密斯迁往柏林后第一个项目，为当时最重要的尼采研究学者阿洛伊斯·里尔（Alois Riehl）教授设计建造的里尔住宅（Riehl house），与贝伦斯哈根火葬场的相似性[14]（图5）。而在密斯一生最后的作品，柏林新国家美术馆当中，高台、神庙、孤独与坚毅这些在哈根与里尔住宅中业已存在的元素最终构建了密斯自己的"伟大形式"。至于它是现代主义还是罗马风，时代差异对于密斯来说其实微不足道，"永恒重现"所检验的是意志，而非现实（图6）。最强健的英雄将对所有一切说"是"（yes），无论在任

图5：密斯，里尔住宅，1907，波茨坦，德国（图片来源：http://media-cache-ec0.pinimg.com/736x/ac/d4/e2/acd4e2821bdb980ba68daf5442ad45f9.jpg）
图6：密斯，新国家美术馆，1962～1968，柏林，德国（图片来源：https://c2.static-flickr.com/8/7051/6946870553_6b7b5510c0_b.jpg）

〈图 5〉

〈图 6〉

何时代条件之下。正如密斯在1930年德意志制造联盟会议的里程碑式演说中所说的："新的时代是一个事实，无论你说是还是否，它都存在。但是它并不比其他任何时代更好或更坏。它只是一个被给予的事实，本身并无区分……同样的我们不想过分推崇机械化、典型化与标准化……所有这些东西有它们自己命定的，与价值无关的道路。至关重要的仅仅是我们如何面对这些被给予的条件肯定我们自己。正是在这里，精神的问题开启了。"[15]

生死

永生与重生信念的力量在于消减了此生的重要性。在两种体系之下，此生都只是一个阶段，而且往往并不是一个值得留恋的阶段。许多宗教教义都依据对后世的许诺帮助人们承受此生的无助与苦痛。死亡并非终点，而是获得祝福的起点，通向美好的天堂、西方极乐或者是目的王国（the kingdom of ends）。尼采所不同于这些传统宗教体系的地方在于，"永恒重现"中最为重要仍然是此生，死亡虽然不是绝对的终点，仍然具有不可超越的限制性力量，它决定了此生的范畴。生与死在"永恒重现"之下都变得更为沉重，因为你必须考虑如何在有限度的时间之内最大程度地实现自我肯定，以至于可以经受无数次的重现。如果说传统永生与重生概念所倚重的是后世，那么尼采所关心的却是现世的生活。他将我们带回到在此生对生死的思索之上。

无论是尼采的"永恒重现"还是海德格尔的"向死而生"，都表明了现代人对死亡的理解变得更为复杂，也更为含混。但至少有一点是明晰的，在现代话语体系之下，关于死的讨论都与生的阐释紧密纠缠在一起。一个不涉及此生，或者是对此生不屑一顾的解释不再被当代的反思所接受。建筑师或许并不擅长对此做出概念阐述，但是建筑有其特有的力量去传达生死之间更为密切的关系。

　　阿斯普伦德与阿尔托的设计显然有这种倾向。丧葬建筑脱离庙宇与教堂的原型向居住建筑类型的转移有助于消融生死之间的差异，只是在过于密切的氛围中，死亡被日常行为所消化，生死的天平向生的一面有更多的倾斜，死亡过多地被掩盖了。但是在两位意大利建筑师的作品中，生死之间的张力获得了更强烈的体现，同时也避免了一方对另一方的强烈压制。

　　维罗纳古堡博物馆，坎格德兰·德拉·斯卡拉一世（Cangrande I della Scala）的骑马像长久以来无人问津，卡洛·斯卡帕（Carlo Scarpa）为它至少设计了5个不同的放置方案，最终这位展陈设计的大师赋予古堡博物馆令人叹为观止的"坎格德兰空间"（Cangrande space）（图7）。很少有雕塑能获得建筑如此深厚的眷顾——华丽而费解。人们对这一空间复杂性的困惑可以从斯卡帕对自己描述中获得解答："我是一个经由希腊来到威尼斯的拜占庭人。"[16]不同文化传统之间的交融，是地处东西方交汇之处的威尼斯城市文明的特点，也成为斯卡帕独有的敏感性。"坎格德兰空间"对这一倾向给予了最强烈的展现，在这个小角落中，罗马遗迹、中世纪城墙、拿破仑的军营、20世纪20年代不恰当的升级，以及卡罗·斯卡帕1957年至1975年之间的改造，近两千年的传统与遗存并存一处，斯卡帕提供了忠于自己但同时也不可思议的解答。坎格德兰·德拉·斯卡拉一世的骑马像幸运地成为这一伟大场景的核心，它实际上来自于这位德拉·斯卡拉家族最重要统治者的坟墓之上，或许展现了征服者面对欢呼人群的荣耀。然而在斯卡帕的手中，战功与统治的纪念性已经不复存在，石头凝固的不是永生的奢望，而是坎格德兰亲切和神秘的微笑（图8）。它提醒我们坎格德兰的另外一个身份——诗人但丁最重要的资助者。这微笑背后或许是畅游《神曲》的地狱、炼狱、天堂之后的淡然一笑，生死的沉重，恐惧与欢愉都被微笑所消融。只有斯卡帕具有历史厚度的场景才能够与这样从容的微笑相匹配。坎格德兰的生命已经在历史中结束，但是他的微笑将与《神曲》一道继续影响活着的人。不应忘记，但丁给予《神曲》的原

图7：斯卡帕，坎格德兰空间，
1957~1975，古堡博物馆，维罗纳，
意大利（图片来源：唐其桢 摄）
图8：坎格德兰·德拉·斯卡拉一
世骑马像（图片来源：http://the-
longroadtovenice.com/2011/07/31/vero-
na-alla-scarpa-or-asmuch-of-it-as-i-
could-see/）

〈图7〉

〈图8〉

名实际上是《喜剧》（*Comedia*）。

斯卡帕对生死纠缠的关注在布里昂墓园中有更直接的表现。他从东方阴阳两仪相护相生的理念中导引出了双圆交错的建筑语汇，它象征着男女，也同样象征着生死，"它是我一生的主题（*leit-motif*），"斯卡帕承认[17]（图9）。在布里昂墓园中，这样源于不同传统，但都体现了对立元素相互调和的语汇比比皆是，黑与白、远与近，双圆、墓地与双喜纹样，混凝土的厚重与密集的细齿线脚，随处可见的对立与张力甚至会令人质疑建筑师过于直白与执着，也导致塔夫里（Manfredo Tafuri）对斯卡帕做出超现实主义的解读[18]。但斯卡帕或许对先锋艺术并没有太大兴趣，就像他的话语往往含蓄和深刻一样，他在布里昂墓园所想传达的，只是让人们将生死并置一处去看待，就像交错的双圆所呈现的那样。当观察者坐在沉思亭中，透过双圆孔洞看向男女主人的墓室的时候，这一点透过行为灌注于沉思者的心灵中（图10）。一道水流从生者所处的池塘流向死者的墓地，斯卡帕用他最为钟爱的元素将生死连接在一起。同样的主题已经出现在更早之前完成的奎里尼·斯坦帕利亚基金会（Fondazione Querini Stampalia）项目花园之中。纤细的水流从金属出水口中欢快地降生，经历迷宫的曲折与繁复，逐渐变得平静和宽阔，再落入自足的圆形水池，最终流入石质花坛的底部，不知所踪（图11）。不难看到，斯卡帕是在用流水阐释人的一生。而看向"诞生之地"的那只小石狮子，则让人想起坎格德兰的微笑，这片小花园中罗马、威尼斯、日本以及现代传统的共存与古堡博物馆并无实质区别。

从布里昂墓园看来，斯卡帕在生死的微妙关系之中更倾向于生的欢愉，如一位斯卡帕研究学者所分析的，布里昂墓园各种建筑元素"一同成功地激发了许多问题，就仿佛通过将注意力转向生活的丰富性，她的快乐与矛盾，去除了死亡的存在"[19]。这一论断也可以得到斯卡帕自己言论的支持，谈及布里昂墓园，他说："所有人都喜欢去哪里——孩子们游戏，狗到处奔跑——所有墓地都应该如此。实

〈图9〉

图10：斯卡帕，沉思亭，布里昂墓
地，1969～1978，特雷维索，意大利
（图片来源：王哲 摄）
图11：斯卡帕，奎里尼·斯坦帕利亚
基金会花园，1961～1962，威尼斯，
意大利（图片来源：杨恒源 摄）

〈图 10〉

〈图 11〉

际上，我为摩德纳设想了一个方案，非常有趣。"[20]人们没有能够看到斯卡帕的摩德纳墓地，这或许是一个不幸，但阿尔多·罗西（Aldo Rossi）弥补了这一缺陷，他的摩德纳墓地迥异于斯卡帕的含混与丰富，但也同样是关于生死的反思。

用生死来定义自己的建筑历程，罗西或许是独一无二的。摩德纳墓地与基耶蒂（Chieti）学生住宅，"前者，通过它的主题，体现了青春期的终结以及对死亡兴趣的结束，而第二个标志着对幸福的追寻以及一种成熟的状态"[21]。对于普通人来说，幸福是更为熟悉的理念，对死亡的兴趣则不同寻常，因此罗西更多因为他"青春期"、"死亡阶段"的作品而被铭记。摩德纳墓地成为罗西最重要的作品并不是一个偶然，在《一部科学的自传》（A Scientific Autobiography）中罗西对死亡的浓厚兴趣显露无遗。他承认，之所以借用马克斯·普朗克（Max Planck）同名自传的书名，原因之一就在于普朗克讲述的一个小故事：一块屋顶上的石头落下时，当时抬升石头并储藏于其中的势能最终杀死了过路的行人[22]。能量、持续、死亡是罗西着迷的地方，"在每一个艺术家或者是技术专家那里，能量守恒都与对幸福和死亡的探寻相互混合。"[23]这也是理解罗西早期作品最重要的途径："每一个夏天对我来说都像是我最后一个夏天，这种不会再有演化的停滞可以解释我的许多作品。"[24]

没有足够的资料解释罗西对死亡与静谧的兴趣从何而来，也许是从幼年开始经常遭受的骨折损伤造成的影响[25]，摩德纳墓地的设计就是在南斯拉夫一间小医院的病床上构思的，罗西遭受了异常严重的车祸，只能在床上静养，病房静止的窗户以及骨骼的痛楚，直接转译在摩德纳墓地不断重复的窗洞与肋骨状排列的三角形区域中（图12）。斯卡帕为摩德纳设想了一个欢乐的墓地，而罗西带来了一座"死者的城市"（city for the dead）。尤金·约翰逊（Eugene J. Johnson）详细分析了这座城市各种类型元素背后所隐藏的历史记忆，从伊特鲁里亚骨灰瓮到纳粹集中营焚化炉的烟囱，从部雷（Boullée）纯粹洁净表面的忧伤到基里科

图12：罗西，摩德纳墓的方案，1971~1984（图片来源：http://classconnection.s3.amazonaws.com/618/flashcards/1220618/jpg/-0881338796672657.jpg）

〈图12〉

（Chirico）形而上学绘画中的阴影，从皮拉内西（Piranesi）对帝国时代罗马城市的想象，到阿道夫·路斯（Adolf Loos）住宅作品的抑制与沉默。罗西所构建的不是一个怪异的后世世界，而是从集体历史记忆中挖掘出来的那个"相似性城市"（analogous city）。"死者的城市"这一称呼其实并不准确，因为罗西心目中"生者的城市"并不会与此有太大差别。摩德纳墓地只是提供了一个机会让大众接受罗西，而对于他自己，墓地的功能与死亡的气息之间并无直接的因果关系，因为后者是他一直以来沉醉其中的主题，"死亡的主题，会自然而然地找到自己的路径进入设计的进程当中。"[26]或许这个项目真正的意义在于，它虽然是罗西国际性声誉的起点，却也是建筑师一个阶段的终点，"在摩德纳墓地项目中，就像我说过的，我试图通过呈现来解决青年时代关于死亡的问题。"[27]

　　在摩德纳墓地，生与死是相似的，几乎无法区分是生者进入了一个死者的城市，还是死者流连在生者的城市（图13）。这种生与死的模糊性是罗西早期项目中

图13：罗西，摩德纳墓地，1971～1984，
摩德纳，意大利（图片来源：http://
www.coffeewithanarchitect.com/
wp-content/uploads/2010/11/mode-
na-rossi.jpg）

关于死亡与建筑的片段沉思

- 301 -

〈图 13〉

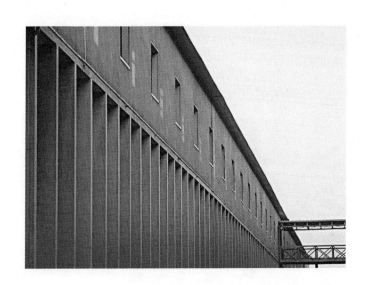

最引人瞩目的特点。一个多少会令一些人感到不安的事实是，在这一阶段罗西其他本应让人感到欢快的作品，却有着与摩德纳墓地相近的禁锢气息，比如格拉洛特希住宅（Gallaratese II Housing）以及法尼亚诺奥洛纳小学项目（Elementary School in Fagnano Olona）（图14）。尤其是前者举世闻名的柱廊，与摩德纳墓地的南北向长廊如出一辙。如果说阿斯普伦德与阿尔托将住宅的气息带给了死亡，那么罗西就是将死亡的气息带给了住宅。那些认为活着的幸福与死亡不可调和的人会很难接受这样的处理方式，但是对于罗西来说，生的幸福与死的沉寂并非对立的两极，"当我谈到一所学校、一个墓地、一个剧场时，更准确地说，我是在谈论生活、死亡与想象。"[28]

　　令人慨叹的是，斯卡帕与罗西两位对生死主题有着浓厚兴趣的杰出建筑师，都以非常意外的方式突然离开这个世界。这自然是一种莫大的遗憾，但从另一面看来，这样缺乏正式结束语告别的方式也让死与生的莫名关系更为暧昧。

〈图 14〉

结语：安居与沉寂

　　不仅仅是斯卡帕与罗西，在贝伦斯、密斯、阿斯普伦德、阿尔托的作品中，生与死的关系都较以往的传统更为密切，他们对于死亡究竟意味着什么也只能给予越来越模糊和暧昧的言辞。从这个意义上，他们从属于更为广泛的"现代"传统，不再对后世做出确定性的描述，而是坚持，对死或者是死亡之后的讨论都必须与生结合在一起。死作为一个独立事件消失了，现代人所能谈及的只能是生死。

　　阿斯普伦德与阿尔托的家庭式告别显然属于这一范畴，斯卡帕与罗西与他们的区别在于，将生死的反思不再局限于丧葬建筑，而是拓展到日常的住宅、花园、剧场或者学校之中，脱离仪式的行为限制，人们被提醒摆脱以往思维模式，在更多的地方，以更慎重的态度，面对更为复杂的生死之谜。在贝伦斯的尼采世界中，"永恒的重生"只是一个假设，它所有的作用仅仅在于促使人们严肃地对待此生的每一个决定，即使重复无数次，它仍然是最正确的决定。后世成为此生的假设。这一点在康德的伦理学体系中也非常明显，之所以死后的世界一定存在，是因为只有那样，那些在此生依照理性道德律生活的人们才能获得相应的幸福，以弥补他们在此生为道德律而放弃的快乐。后世完全成为道德律的推论，而所有的前提在于人应当是独立自主与理性的这一论断。对于彼岸我们并无直觉，仅有通过此岸的性质与需求，去推测彼岸的可能性。死的思索回到了生的范畴之中，这不仅仅是方法的转变，也是接受人的认知限度之后的必然结果。生死讨论的背后，是康德的认识论转向，再往上追溯则是古典形而上学秩序的崩溃，在被逐出"宇宙秩序"而不是"伊甸园"之后，人们只能开始承担生命"自我肯定"（self-assertion）的重担[29]。

因此，对人的限度（能力上的限度，同时也是在宇宙体系中地位的限度）的认识，是整个现代意识的基础之一，同样也是从贝伦斯到罗西等一系列建筑师作品的思想基础之一。尤其是当我们不再像康德那样肯定——人天生就是自由与理性的，那么对后世的假设也就无从谈起。相比于对人能做什么，他所具备的必然性质等问题的茫然，我们对人不能做什么，他的限度实际上更为明确。于是我们有了"现代"对死亡最主要的认知方式之一，它是——生的限度（the limit of life）。

在斯卡帕与罗西的作品中，这一点最为强烈。奎里尼·斯坦帕利亚基金会的花园水流展现了生命的整个进程，从开始到终结。而摩德纳墓地呈现的是一个不再被生活所充满的，被"废弃的城市"。在这样的语境之下，生死问题的重心落在了对"生的限度"，或者是说"有限一生"的认知之上。透过海德格尔的"向死而生"，这几乎已经成为最耳熟能详的当代哲学术语。但并非所有人都对他的内涵完全了解。在《建造，安居，沉思》（Building, Dwelling and Thinking）中海德格尔写道，"终有一死的是人。他们被称为'终有一死的'就因为他们能够死去。死意味着能够像真正的死亡那样死亡。只有人会死去，并且是持续的，只要他保持在大地之上，天空之下，众神之前。"[30]这当然并不是说只有人会死，其他生物不会，海德格尔所说的死，是指"终有一死者"的死，是作为安居（dwelling）条件之一的死，是以安居为目标，实际上也是以理想地存在，以理想地活着为目标的死，这才是"像真正的死亡那样死亡"。

　　生的限度，意味着我们只有有限的能力，在有限的时间内，依据有限的资源去追寻安居的目标。这也就是说你没有机会去尝试所有的可能性，或者是一直漠然处之。在历史、传统与现实不断揭示的种种价值与目标之中，我们必须要挑选出最值得追寻的目的，并且结合既有的条件，制订相应的计划，哪些目的要进入自己的人生规划，要按照什么样的步骤去逐步实现。各个目的之间应该能够相互支持，直至达成那个最重要的目标，无论它是成就、是幸福、还是平淡。因为有生的限度，一个以安居为目标的人，作为个体，不可能是一个彻底的价值多元主义者，他必须做出选择，确定不同价值之间高低之分，在有限的生命中给予它们相应的位置。正是在这个时候，建筑可以发挥更大的作用。在它提供足够的面积、合适的物理条件、满足任务书的指标要求的时候，固然是帮助人们完成某种行为，达成某种行动目标。然而，建筑还可以有更为主动的作用，它可以去更强烈地宣示这个行为本身的价值，让人们不要在忙碌中忘记这些行为真正的目的。这就是建筑根本性的象征性作用，从维特鲁维的柱式到阿尔多·罗西的集体记忆，这一理论结构虽然古老，却仍然是建筑创作最核心的动力之一。建筑师可以不光是服务者与后来者，如果他对各种行为、各种价值有深刻的认识，那么他就可以做到比业主更清楚这个建筑以及其中的行为到底是为了什么更为本质的目标所服务。有的时候，建筑师的这一意图甚至会压制业主的原始目标，密斯后期的工作就有这样的特征，"几近空无"（almost nothing）的"普适空间"（universal space）与其说是给予各种使用可能性以公平的机会，不如说是给密斯纪念性的结构扫除干扰。从克朗厅（Crown Hall）到新国家美术馆，这些项目广为人知的使用功能上的缺陷是密斯为了体现意志的力量所付出的代价。路易·康（Louis I. Kahn）或许是一个更好的榜样，他要求每一个建筑师都重写项目任务书，去挖掘项目真正的价值基础，让建筑师成为"业主的哲学家"[31]。康的孟加拉议会大厦显然是这种工作模式的典型成果，但或许更为重要的是他的图书馆、研究所、美术馆，甚至是浴室。它们证明了在任何项目条件之下，都存在哲学家或建筑师的工作空间。

正是在这个意义上，我们不断看到"建筑"与"生活"两个词语的并置，吉迪恩的建筑应该阐释"这个时代合理的生活方式"，赖特的"建筑不是房屋，而是一种生活方式"以及康的"城市应该是这样的，一个小男孩走在街上会知道他想成为什么样的人"[32]，只是无数此类话语之中最著名的范例。我们之所以会觉得某些建筑更有深度，更有内涵，更具备持久的价值，部分原因就在于它们并不局限于对狭窄使用功效的满足，而是利用建筑提供的机会，对更为深入的生活价值结构提出建议，以另外一种服务方式，陪伴人们的生活。而这一切的基础，是意识到选择的必要性，意识生的限度，意识到死亡，意识到生死。这已经不再是仅属于丧葬建筑的问题，而是可以涉及任何时间、任何地点的任何建筑。

如果不满足于将对死亡的讨论限定在生死的框架中，仍然要试图对死亡本身做出判断，那或许只能接受我们对死亡几近于无话可说。这不是因为我们对死亡不熟悉，而是因为我们缺乏对死亡本身的体验，如列维纳斯所指出的，"所有我们关于死亡能说的和能想的，以及它们的不可避免，都是来自于二手的经验。"[33]作为活着的人在定义上就不可能对死亡有直接的体验，因此古希腊哲学家伊壁鸠鲁（Epicurus）坚持："我们不关心死亡，因为只要我们存在，死亡就不存在。当它真的来了，我们就不存在了。"[34]由于生死之间的这种互斥性，我们的讨论只能限定在生的领域之中，对于死或者是死之后（如果存在的话）的任何实质问题，最多仅仅能够使用间接的、二手的方式去触及。虽然不很完美，但这至少为讨论死亡留下了一种可能性，而且我们也不应当对死亡避而不谈，前面已经谈到，生的意义与死的必然密不可分。

　　我们实际上已经有了很多对于死亡的间接比喻，永生、重生、告别、终结或者是空无（nothingness）。而在本文作者看来，一个更恰当的象征，是"沉寂"（silence）。不光是因为任何死去的生命都是沉寂的，也因为他们不再参与任何生的活动，但是他们的痕迹仍然在我们身边，只是不再发出喧嚣之声，就像摩德纳墓地里那些寂静的"废墟"。这一点也揭示了"沉寂"与"空无"的区别，虽然"空无"一定是"沉寂"的，但"沉寂"不一定是"空无"。"沉寂"包含了更多的可能性，它或许真的是彻底的虚空，也可能是闭口不言，还有可能是无法言说，鉴于我们对死亡的无知，"沉寂"的宽泛自然能够避免更多狭隘论断的危险。

　　必须承认，在"沉寂"的背后的确隐藏着一种期待，期望死亡并不是一切都烟消云散、不复存在的终结，而是回归到那个无法被言说，但却拥有无限可能性，其中一种可能性恰恰是当下一切存在之物的那个源泉。这实际上是海德格尔后期哲学对死亡的困惑提出的最终解答[35]。如果我们像海德格尔那样，并不认为现有的一切都是理所当然，也不认为当下的存在就是所有的一切的话，这样的解释的确具有吸引力。从某种角度上看，这与苏格拉底在《斐多篇》（Phaedo）中的解释是类似的，依靠形而上学的理智，摆脱死亡的恐惧。

　　这或许有助于我们更深刻地感知沉寂，在密斯、在斯卡帕、在康、在巴拉甘、在罗西、在西扎、在卒姆托的作品中不断重现的"沉寂"。这当然不是说他们都在讨论死亡，而是说他们的作品通过"沉寂"获得了某种形而上学的深度。人们通常乐于用"诗意"去描述这些建筑师的作品，但"诗意"本身仍然需要解释。最直接的阐述，还是来自于海德格尔，在《人，诗意地栖居》中他写道："诗就是度量……度量的尺度是'神思'（godhead），通过与它对比，人衡量自己。"[36]这里的"神思"只是海德格尔对"沉寂"的源泉的另一种称呼，有时他也称之为

"Being"、"神"或者是借用东方哲学的理念"道"。

或许我们已经在哲学理论中走得太远。回到建筑的范畴，至少有两点是可以从这些对死亡的片段沉思中总结出来的，希望提供给建筑师们注意和考虑的——生的限度与沉寂，或者说是安居与死亡。如果这些文字对于读者来说不是纯粹的胡言乱语，那么海德格尔的话可以用来作为本篇的结尾："诗是这样的，她首先将人带到大地上，使他从属于大地，然后将他领入安居。"[37]当然，诗必须还原到对神思的度量，对沉寂的尊重。而所有这些，也只对那些仍然对形而上学抱有兴趣的人具有意义。

（原载于《世界建筑》第302期，2015年8月，在本书中有所改动）

注释

1　LEVINAS. God, death, and time [M]. Stanford, Calif.: Stanford University Press, 2000: 12.

2　参见YOUNG. The death of God and the meaning of life [M]. London: Routledge, 2003: 114-117.

3　AALTO and SCHILDT. Alvar Aalto in his own words [M]. New York: Rizzoli, 1998: 179.

4　同上: 103.

5　LEVINAS. God, death, and time [M]. Stanford, Calif.: Stanford University Press, 2000: 9.

6　见TAYLOR. Sources of the Self: The Making of the Modern Identity [M]. Cambridge: Cambridge University Press, 1989: Part III

7　引自PLATO, COOPER and HUTCHINSON. Complete Works [M]. Indianapolis ; Cambridge: Hackett, 1997: 55.

8　EBREY. Cremation in Sung China [J]. The American Historical Review, 1990, 95.

9　参见DAVIES. Death, Burial, and Rebirth in the Religions of Antiquity [M]. London: Routledge, 1999.

10　HARRIES. The Ethical Function of Architecture [M]. Cambridge, Mass.; London: MIT Press, 1997: 296.

11　转引自NEUMEYER. The artless word: Mies van der Rohe on the building art [M]. Cambridge, Mass.; London: MIT Press, 1991: 53.

12　尼采对永恒重现的讨论，见NIETZSCHE, DEL CARO and PIPPIN. Thus spoke Zarathustra: a book for all and none [M]. Cambridge: Cambridge University Press, 2006: 177-178.

13　引自MAGNUS and HIGGINS. The Cambridge companion to Nietzsche [M]. Cambridge: Cambridge University Press, 1996: 8.

14　NEUMEYER. The artless word: Mies van der Rohe on the building art [M]. Cambridge, Mass.; London: MIT Press, 1991: 40-45.

15　同上: 309.

16　引自ZAMBONINI. Process and Theme in the Work of Carlo Scarpa [J]. Perspecta, 1983, 20: 22.

17　同上: 40.

18　DAL CO, MAZZARIOL and SCARPA. Carlo Scarpa: the complete works [M]. Milan: Electa ; London: Architectural Press, 1986: 72-96.

19　CRIPPA and LOFFI RANDOLIN. Carlo Scarpa: theory, design, projects [M]. Cambridge, Mass.; London: MIT Press, 1986: 61.

20　DAL CO, MAZZARIOL and SCARPA. Carlo Scarpa: the complete works [M]. Milan: Electa ; London: Architectural Press, 1986: 286.

21　ROSSI. A scientific autobiography [M]. Cambridge, Mass.; London: Published for the Graham Foundation for Advanced Studies in the Fine Arts, Chicago, Illinois, and the Institute for Architecture and Urban Studies, New York by the MIT Press, 1981: 8.

22　同上: 1.

23　同上.

24　同上.

25　同上: 82.

26　同上: 11.

27　同上: 38.

28　同上: 78.

29　参见BLUMENBERG. The Legitimacy of the Modern Age [M]. Cambridge, Mass London: MIT, 1983: Part II

30　HEIDEGGER and HOFSTADTER. Poetry, Language, Thought [M]. New York: Harper & Row, 1975: 150.

31　引自MCCARTER. Louis I. Kahn [M]. London ; New York: Phaidon, 2005: 223.

32　同上: 16.

33　LEVINAS. God, death, and time [M]. Stanford, Calif.: Stanford University Press, 2000: 8.

34　引自http://izquotes.com/quote/58489

35　参见YOUNG. The death of God and the meaning of life [M]. London: Routledge, 2003: Chapter 15.

36　HEIDEGGER and HOFSTADTER. Poetry, Language, Thought [M]. New York: Harper & Row, 1975: 221-222.

37　同上: 218.

［1］ AALTO A, SCHILDT G R. Alvar Aalto in his own words［M］. New York: Rizzoli, 1998.

［2］ ALEXANDER C. The timeless way of building［M］. New York: Oxford University Press, 1979.

［3］ ALEXANDER C, ISHIKAWA S, SILVERSTEIN M. A pattern language: towns, buildings, construction［M］. New York: Oxford University Press, 1977.

［4］ ANSARI I. Interview: Peter eisenman［J/OL］2013, http://www. architectural-review.com/comment-and-opinion/interview-peter-eisenman/8646893.article.

［5］ ANSTEY T. The dangers of decorum［J］. Architectural Research Quarterly, 2006, 10(2): 131 139.

［6］ BACHELARD G. The poetics of space［M］. New York: Orion Press, 1964.

［7］ BERLIN I, HARDY H. The Crooked Timber of Humanity: Chapters in the History of Ideas［M］. New York: Knopf, 1991.

［8］ BLAKE P. Form follows fiasco: why modern architecture hasn't worked［M］. Boston［Mass］: Little, Brown, 1977.

［9］ BLUMENBERG H. The Legitimacy of the Modern Age［M］. Cambridge, Mass London: MIT, 1983.

［10］ BLUMENBERG H. Work on Myth［M］. Cambridge, Mass.; London: MIT Press, 1985.

［11］ BLUMENBERG H. The genesis of the Copernican world［M］. Cambridge, Mass. London: MIT, 1987.

［12］ BLUMENBERG H. Care crosses the river［M］. Stanford, Calif.: Stanford University Press, 2010.

［13］ CALISON P. Aufbau/Bauhaus: Logical Positivism and Architectural Modernism［J］. Critical Inquiry, 1990, (16).

［14］ CARR K L. The Banalization of Nihilism: Twentieth-Century Responses to Meaninglessness［M］. Albany: State University of New York Press, 1992.

[15] COLQUHOUN A. Modernity and the Classical Tradition: Architectural Essays, 1980–1987 [M] . Cambridge, Mass.: MIT Press, 1989.

[16] CORBUSIER L. Precisions on the present state of architecture and city planning: with an American prologue, a Brazilian corollary followed by the temperature of Paris and the atmosphere of Moscow [M] . Cambridge, Mass.: MIT Press, 1991.

[17] CORBUSIER L. Ineffable Space [M] //OCKMAN J, EIGEN E. Architecture Culture 1943–1968: A Documentary Anthology. New York; Rizzoli. 1993.

[18] CORBUSIER L, ETCHELLS F. Towards a New Architecture [M] . Oxford: Architectural Press, 1987.

[19] CRIPPA M A, LOFFI RANDOLIN M. Carlo Scarpa: theory, design, projects [M] . Cambridge, Mass.; London: MIT Press, 1986.

[20] CURTIS W. Modern architecture since 1900 [M] . 3rd ed. London: Phaidon, 1996.

[21] DAL CO F, MAZZARIOL G, SCARPA C. Carlo Scarpa: the complete works [M] . Milan: Electa ; London: Architectural Press, 1986.

[22] DAVIES J. Death, Burial, and Rebirth in the Religions of Antiquity [M] . London: Routledge, 1999.

[23] DELEUZE G, GUATTARI F L. A thousand plateaus: capitalism and schizophrenia [M] . London: Athlone, 1987.

[24] DESCARTES R. Discourse on the method: of rightly conducting the reason and seeking truth in the sciences [M] . London: HV Publishers, 2008.

[25] EBREY P. Cremation in Sung China [J] . The American Historical Review, 1990, 95.

[26] EVANS R. The Fabrication of Virtue: English Prison Architecture, 1750–1840 [M] . Cambridge: Cambridge University Press, 1982.

[27] FENG Q. Utilitarianism, Reform and Architecture: Ediburgn as Exemplar [D] . Edinburgh; University of Edinburgh, 2009.

[28] FORTY A. Words and Buildings: A Vocabulary of Modern Architecture [M] . New York, N.Y.: Thames & Hudson, 2000.

[29] FOSTER H. Postmodern Culture [M] . London: Pluto, 1985.

[30] FRAMPTON K, CAVA J, GRAHAM FOUNDATION FOR ADVANCED STUDIES IN THE FINE ARTS. Studies in Tectonic Culture: The Poetics of Construction in Nineteenth and Twentieth Century Architecture [M] . Cambridge, Mass.: MIT Press, 1995.

[31] HARRIES K. The Ethical Function of Architecture [M] . Cambridge, Mass.; London: MIT Press, 1997.

[32] HARRIES K. Infinity and Perspective [M] . Cambridge, Mass.; London: MIT Press, 2001.

[33] HAYS K M. Architecture theory since 1968 [M] . Cambridge, Mass.; London: MIT, 1998.

[34] HEIDEGGER M. Basic Writings [M] . Rev. ed. London: Routledge, 1993.

[35] HEIDEGGER M. The essence of truth: on platos cave allegory and theaetetus [M] . London: Continuum, 2002.

[36] HEIDEGGER M, HOFSTADTER A. Poetry, Language, Thought [M] . New York: Harper & Row, 1975.

[37] HEIDEGGER M, MACQUARRIE J, ROBINSON E. Being and Time [M] . London: SCM Press, 1962.

[38] HITCHCOCK H R, JOHNSON P. The International Style [M] . Norton, 1966.

[39] HOWARD E S. Garden Cities of Tomorrow [M] . London: Faber & Faber, 1965.

[40] JACOBS J. The Death and Life of Great American Cities [M] . London, 1962.

[41] JENCKS C. What is post-modernism? [M] . 3rd ed. London: Academy Editions, 1989.

[42] KAHN L I, LATOUR A. Louis I. Kahn: writings, lectures, interviews [M]. New York: Rizzoli International Publications, 1991.

[43] KANT I, GREGOR M J, WOOD A W. Practical Philosophy [M] . Cambridge: Cambridge University Press, 1996.

[44] KOOLHAAS R. Delirious New York: a retroactive manifesto for Manhattan [M] . New ed. New York: Monacelli Press, 1994.

[45] KOYR A. From the closed world to the infinite universe [M] . USA: John Hopkins Press, 1968.

[46] LEVINAS E. God, death, and time [M] . Stanford, Calif.: Stanford University Press, 2000.

[47] LOOS A. Ornament and Crime [J/OL] 1905, http://www2.gwu.edu/~art/Temporary_SL/177/pdfs/Loos.pdf.

[48] LOOS A. Spoken into the void: collected essays 1897-1900 [M] . Cambridge, Mass.; London: Published for the Graham Foundation for Advanced Studies in the Fine Arts and The Institute for Architecture and Urban Studies by MIT Press, 1982.

[49] LOVEJOY A O. The Great Chain of Being: A Study of the History of an Idea: The William James Lectures Delivered at Harvard University, 1933 [M] . Cambridge, Mass: Harvard University Press, 1936.

[50] LYNN G. Architectural Curvilinearity: The Folded, the Pliant, and the Supple [J] . Architectural Design, 1993, 63.

[51] MAAK N. Le Corbusier: The Architect on the Beach [M] . Hirmer, 2011.

[52] MAGNUS B, HIGGINS K M. The Cambridge companion to Nietzsche [M] . Cambridge: Cambridge University Press, 1996.

[53] MALLGRAVE H F, GOODMAN D. An Introduction to Architectural Theory: 1968 to the Present [M] . Malden, MA: Wiley-Blackwell, 2011, 2011.

[54] MCCARTER R. Louis I. Kahn [M] . London ; New York: Phaidon, 2005.

[55] MOSTAFAVI, LEATHERBARROW. On Weathering [M] // MALLGRAVE H. Architectural Theory Vol 2 An Anthology from 1871 to 2005. Oxford; Blackwell. 2007.

[56] NESBITT K. Theorizing a new agenda for architecture: an anthology of architectural theory, 1965-1995 [M] . 1st ed. New York: Princeton Architectural Press, 1996.

[57] NEUMEYER F. The artless word: Mies van der Rohe on the building art

［M］. Cambridge, Mass.; London: MIT Press, 1991.

［58］NIETZSCHE F. The Complete Works of Friedrich Nietzsche［M］. Edinburgh: T. N. Foulis, 1910.

［59］NIETZSCHE F. The Will to Power［M］. London: Weidenfeld & Nicolson, 1968.

［60］NIETZSCHE F W. Twilight of the Idols: and The Anti-Christ［M］. Penguin, 1990.

［61］NIETZSCHE F W, DEL CARO A, PIPPIN R B. Thus spoke Zarathustra: a book for all and none［M］. Cambridge: Cambridge University Press, 2006.

［62］O.P.E.N. 开放建筑宣言.

［63］PASSANTI F. The Vernacular, Modernism, and Le Corbusier［J］. The Journal of the Society of Architectural Historians, 1997, 56(4): 438-451.

［64］PAYNE A A. Rudolf Wittkower and Architectural Principles in the Age of Modernism［J］. The Journal of the Society of Architectural Historians, 1994, 53(3): 322-342.

［65］PEVSNER N. Pioneers of Modern Design: From William Morris to Walter Gropius［M］. Harmondsworth: Penguin, 1970.

［66］PLATO, COOPER J M, HUTCHINSON D S. Complete Works［M］. Indianapolis ; Cambridge: Hackett, 1997.

［67］POPPER K R. The poverty of historicism［M］. 2nd ed. London: Routledge, 2002.

［68］POPPER K R. The Open Society and its Enemies. Vol 1, The Spell of Plato［M］. 5th rev. ed.: Routledge, 2005.

［69］ROSSI A. A scientific autobiography［M］. Cambridge, Mass.; London: Published for the Graham Foundation for Advanced Studies in the Fine Arts, Chicago, Illinois, and the Institute for Architecture and Urban Studies, New York by the MIT Press, 1981.

［70］ROSSI A. The architecture of the city［M］. American ed. Cambridge, Mass.; London: Published by［i.e. for］the Graham Foundation for Advanced Studies in the Fine Arts and the Institute for Architecture and Urban Studies by MIT, 1982.

［71］ROWE C. The architecture of good intentions: towards a possible retrospect［M］. London: Academy Editions, 1994.

［72］ROWE C, KOETTER F. Collage city［M］. Cambridge, Mass.; London: MIT Press, 1978.

［73］RUSKIN J. The Stones of Venice［M］. 2nd ed. London: Smith, Elder and Co., 1867.

［74］SEMPER G. Four element of Architecture［M］//MALLGRAVE H F. Harry Francis Mallgrave, Architectural Theory Vol 1 an Anthology from Vitruvius to 1870. Oxford; Blackwell. 2006.

［75］SIZA A, ANGELILLO A. Writings on architecture［M］. Milan: Skira ; London: Thames & Hudson, 1997.

［76］SPEAKS M. Design Intelligence［M］//SYKES K. Constructing a new agenda: architectural theory 1993-2009. Princeton; Princeton Architectural Press. 2010.

［77］STERN R, ROBERTSON J, MOORE C, et al. Five on Five［J］. Architectural Forum, 1973, 138(4): 46-57.

[78] SYKES K. Constructing a new agenda: architectural theory 1993–2009 [M] . 1st ed. New York: Princeton Architectural Press, 2010.

[79] TAYLOR C. Sources of the Self: The Making of the Modern Identity [M] . Cambridge: Cambridge University Press, 1989.

[80] THACKARA J. Design After Modernism: Beyond the Object [M] . London; Thames and Hudson. 1988.

[81] TYNG A. Beginnings: Louis I. Kahn's philosophy of architecture [M] . New York ; Chichester: Wiley, 1984.

[82] VENTURI R, MUSEUM OF MODERN ART (NEW YORK N.Y.). Complexity and contradiction in architecture [M] . New York: Museum of Modern Art, 1966.

[83] WATKIN D. Morality and Architecture Revisited [M] . Chicago: University of Chicago Press, 2001.

[84] WEBER M, GERTH H H, MILLS C W. From Max Weber: essays in sociology [M] . New ed. London: Routledge, 1991.

[85] YOUNG J. Nietzsche's philosophy of art [M] . Cambridge: Cambridge University Press, 1992.

[86] YOUNG J. Heidegger's Philosophy of Art [M] . Cambridge: Cambridge University Press, 2001.

[87] YOUNG J. The death of God and the meaning of life [M] . London: Routledge, 2003.

[88] ZAMBONINI G. Process and Theme in the Work of Carlo Scarpa [J] . Perspecta, 1983, 20: 21–42.

[89] ZUMTHOR P. Thinking architecture [M] . 2nd ed. Basel ; Boston: Birkhäuser, 2006.

[90] 大舍. 大舍 [M] . 北京: 中国建筑工业出版社, 2012.

[91] 董功. 南戴河海边图书馆简介. 2015.

[92] 李虎. 迟到的现代主义 [J] . 新观察, 2011, 12: 2–4.

[93] 李兴钢. 静谧与喧嚣. 2015.

[94] 柳亦春. 架构的意义.

[95] 柳亦春. 离,一种关系的美学.

[96] 柳亦春. 从具体到抽象,从抽象到具体 [J] . 建筑师, 2013, (161): 112–115.

[97] 柳亦春. 像鸟儿那样轻 [J] . 建筑技艺, 2013, (5).

[98] 马丁·海德格尔. 演讲与论文集 [M] . 三联书店, 2011.

[99] 诺伯格–舒尔茨. 场所精神: 迈向建筑现象学 [M] . 华中科技大学出版社, 1995.

[100]史建, 冯恪如. 王澍访谈——恢复想像的中国建筑教育传统 [J] . 世界建筑, 2012, 262.

[101]王澍. 问答王澍 [J] . 世界建筑导报, 2012, 145.

[102]王澍. 我们需要一种重新进入自然的哲学 [J] . 世界建筑, 2012, 263.

[103]王澍. 营造琐记 [J] . 世界建筑, 2012, 263.

[104]王澍, 陆文宇. 循环建造的诗意 [J] . 时代建筑, 2012, (2).

[105]威廉J·R·柯蒂斯. 20世纪世界建筑史 [M] . 北京: 20世纪世界建筑史, 2011.

[106]伊塔洛·卡尔维诺. 未来千年文学备忘录 [M] . 沈阳: 辽宁教育出版社, 1997: 88.

图书在版编目（CIP）数据

评论与被评论：关于中国当代建筑的讨论／青锋著．—北京：
中国建筑工业出版社，2016.5
ISBN 978-7-112-19333-2

Ⅰ．①评… Ⅱ．①青… Ⅲ．①建筑艺术－艺术评论－中国－现代
Ⅳ．①TU-862

中国版本图书馆CIP数据核字（2016）第075632号

责任编辑：何　楠　易　娜
书籍设计：张悟静
责任校对：陈晶晶　张　颖

评论与被评论：关于中国当代建筑的讨论
青锋　著
*
中国建筑工业出版社出版、发行（北京西郊百万庄）
各地新华书店、建筑书店经销
北京锋尚制版有限公司制版
北京顺诚彩色印刷有限公司印刷
*
开本：787×1092毫米　1/16　印张：19¾　字数：277千字
2016年7月第一版　2016年7月第一次印刷
定价：68.00元
ISBN 978－7－112－19333－2
　　　（28587）